essentials

Essentials liefern aktuelles Wissen in konzentrierter Form. Die Essenz dessen, worauf es als „State-of-the-Art" in der gegenwärtigen Fachdiskussion oder in der Praxis ankommt. Essentials informieren schnell, unkompliziert und verständlich

* als Einführung in ein aktuelles Thema aus Ihrem Fachgebiet
* als Einstieg in ein für Sie noch unbekanntes Themenfeld
* als Einblick, um zum Thema mitreden zu können

Die Bücher in elektronischer und gedruckter Form bringen das Expertenwissen von Springer-Fachautoren kompakt zur Darstellung. Sie sind besonders für die Nutzung als eBook auf Tablet-PCs, eBook-Readern und Smartphones geeignet.

Essentials: Wissensbausteine aus den Wirtschafts, Sozial- und Geisteswissenschaften, aus Technik und Naturwissenschaften sowie aus Medizin, Psychologie und Gesundheitsberufen. Von renommierten Autoren aller Springer-Verlagsmarken.

Annika Kruse · Cornelia Denz

# Philosophie und Physik am außerschulischen Lernort

## Konzepte zur Natur der Naturwissenschaften an Schule und Hochschule

Annika Kruse
Münsters Experimentierlabor Physik
Westfälische Wilhelms-Universität
Münster
Nordrhein-Westfalen
Deutschland

Cornelia Denz
Münsters Experimentierlabor Physik
Westfälische Wilhelms-Universität
Münster
Nordrhein-Westfalen
Deutschland

ISSN 2197-6708                                    ISSN 2197-6716 (electronic)
essentials
ISBN 978-3-658-11850-1                       ISBN 978-3-658-11851-8 (eBook)
DOI 10.1007/978-3-658-11851-8

Die Deutsche Nationalbibliothek verzeichnet diese Publikation in der Deutschen Nationalbiblio-
grafie; detaillierte bibliografische Daten sind im Internet über http://dnb.d-nb.de abrufbar.



Gedruckt auf säurefreiem und chlorfrei gebleichtem Papier

Springer Fachmedien Wiesbaden ist Teil der Fachverlagsgruppe Springer Science+Business Media
(www.springer.com)

# Was Sie in diesem Essential finden können

- Einen Überblick der Argumente aus der aktuellen Debatte über die Natur der Naturwissenschaften und deren Relevanz für einen authentischen naturwissenschaftlichen Unterricht.
- Die Darstellung einführender Grundlagen zu Wissenschaftstheorie und Naturphilosophie.
- Handwerkszeug für einen Unterricht zur Vermittlung eines authentischen Bildes über die Natur der Naturwissenschaften.
- Ein innovatives experimentbasiertes Konzept an der Schnittstelle von Naturphilosophie und Physik zur Umsetzung an Schule und Hochschule.
- Beispiele zur Gestaltung von forschend-entdeckendem Unterricht auf Basis einer Synthese von wissenschaftstheoretischen Reflexionen und explorativen Experimenten.

# Vorwort

Der Projektkurs „Selberdenken!" ist ein einjähriges Leuchtturmprojekt von Münsters Experimentierlabor Physik, in dem Jugendliche der Oberstufe lebensweltnah aktuelle Forschung und spannende Grundlagenphysik erleben und mit den Werkzeugen der Philosophie hinterfragen. Entstanden ist dieses Projekt aus einer intensiven Zusammenarbeit mit regionalen Schulen und aus dem Wunsch heraus, Jugendlichen auf besondere Weise das wissenschaftspropädeutische Arbeiten zu ermöglichen. Ziel ist es, dass sich die Teilnehmenden durch experimentbasierte Forschung und entdeckendes Lernen selbst als Forschende erfahren und ihr Bewusstsein für die Denk- und Arbeitsweise der Naturwissenschaften schärfen. Der Projektkurs wurde bei breiter positiver Resonanz der Beteiligten bereits in mehreren Durchgängen umgesetzt. Das Essential präsentiert die zentralen Ergebnisse und Hintergründe des Projektkurses und möchte damit zu einer Multiplikation der Inhalte, Methoden und Formate von „Selberdenken!" beitragen. Weiterführende Beschreibungen können in der zugehörigen Dissertation der Autorin [Kruse] sowie den damit verbundenen Publikationen (Kruse et al. 2014; Kruse und Denz 2015; Kruse et al. 2015; Kruse 2015) nachgelesen werden.

# Inhaltsverzeichnis

# Einleitung

1

Das 21. Jahrhundert ist gekennzeichnet durch eine kontinuierliche Verbesserung der Lebensbedingungen und des Wohlstands durch eine ständig fortschreitende Technisierung aller Lebensbereiche, so dass wir fast täglich durch neue Innovationen herausgefordert werden. Unser Alltag ist daher geprägt von technischen Errungenschaften, die es uns vermeintlich ermöglichen, den heutigen Standard zu leben und weiter zu entwickeln. Trotz immer weiter wachsender Skepsis von Jugendlichen über die Sinnhaftigkeit und Notwendigkeit der damit verbundene Anwendungen, wie dem kontrovers diskutierten Fracking als moderner Rohstoffförderung, oder der Sicherheit von Datenübertragung und Datenspeicherung im Netz, gibt es nur wenig konkretes Wissen über die dahinter steckenden naturwissenschaftlichen Bedingungen. Erst diese ermöglichen aber ein kritisches, doch ausgewogenes Urteil über neue Technologien.

Dies kann durch eine naturphilosophische Reflexion der Naturwissenschaft gewinnbringend gelingen: Das Diskutieren von Methoden, der Vorläufigkeit des produzierten Wissens, sowie der historischen und kulturellen Bedingtheit, zeigt auf, welche Möglichkeiten und Grenzen dem Prozess des Forschens inne wohnen. Auf diese Weise kann das Wesen der Naturwissenschaften im Ganzen und nicht nur abstraktes Wissen als ihr Produkt vermittelt werden. Dies ist bedeutsam, da Jugendliche in der heutigen Welt durch volle Stundenpläne, ein reichhaltiges Freizeitangebot und eine Flut an Informationen dazu verleitet werden, Wissen unkritisch zu akzeptieren, Technik begeistert und weitgehend unreflektiert zu nutzen, sowie naturwissenschaftlich-technische Themen als unwichtige Randbedingungen hinzunehmen. Doch nur ein tiefgreifendes naturwissenschaftliches Verständnis unserer technisierten Welt bietet ihnen die Chance, im Umgang mit Technik mündig sachgerechte Nutzungsentscheidungen treffen und Entwicklungen kritisch hinterfragen zu können.

© Springer Fachmedien Wiesbaden 2016

A. Kruse, C. Denz, *Philosophie und Physik am außerschulischen Lernort,*

essentials, DOI 10.1007/978-3-658-11851-8_1

Die grundlegenden Naturwissenschaften Biologie, Chemie und Physik müssten in diesem Sinne als Leitdisziplinen dieser Entwicklung einen bedeutenden Stellenwert in unserer Gesellschaft einnehmen. Nutzen wir aktuelle Produkte aus der Konsumwirtschaft, den sozialen Medien, der aktuellen Medizin oder dem öffentlichen Leben, greifen wir unweigerlich auf naturwissenschaftliche Erkenntnisse zurück. Auch politische Entscheidungen, ob global oder lokal, sind häufig naturwissenschaftlich wissenschaftsbasiert, und selbst für die Planung einer eigenen beruflichen Zukunft braucht jeder Jugendliche ein Mindestmaß an naturwissenschaftlich-technischer Kompetenz.

Dieser Tatsache wird einerseits Rechnung getragen, indem eine adäquate naturwissenschaftliche Grundbildung in diesen Fächern ein verbindliches Element der Bildungsstandards und damit des heutigen Unterrichts darstellt. Die Naturwissenschaften gelten in diesen Unterrichtsleitlinien als ein integraler Bestandteil unseres Lebens und unserer kulturellen Identität. Die grundlegende Vermittlung an der Schule ist auch deshalb vorgeschrieben, damit Jugendliche an der Gestaltung einer technisierten Welt mündig mitwirken können. Um in diesem Sinne durch den naturwissenschaftlichen Unterricht eine angemessene Urteils- und Handlungskompetenz ausbilden zu können, stehen neben dem Erlernen von disziplinspezifischen Inhalten in einem fächerübergreifenden Kontext auch die Rahmenbedingungen und damit die Natur der Naturwissenschaften im Fokus.

In der Schule ist ein umfassendes, interdisziplinäres Thematisieren dieser naturphilosophischen Aspekte von Naturwissenschaft strukturbedingt häufig nicht möglich. Eng gestrickte Lehrpläne und eine Verkürzung der Schullaufzeit im Rahmen des Abiturs nach der zwölften Jahrgangsstufe bieten kaum Platz für zeitaufwändige Experimente und weitläufige Diskussionen, sodass häufig das Erlernen von Fachinhalten im Vordergrund steht. Zudem ist die Thematisierung von Aspekten zur Natur der Naturwissenschaften bisher in der Lehrerausbildung wenig berücksichtigt. Um Jugendlichen ein ganzheitliches Verständnis unserer Welt zu ermöglichen und die Schulen bei dieser Aufgabe zu unterstützen, sind daher neue Formate der Wissensvermittlung zwingend nötig.

Ein besonderes Instrument, um diesem Trend entgegen zu wirken, ist der Projektkurs als Erweiterung des Kurswahlspektrums der Oberstufe. Dieser in das Abitur einfließende Kurs bietet Jugendlichen die Möglichkeit, frei von schulischen Zwängen wissenschaftspropädeutisch zu arbeiten. Insbesondere werden Schulen hier auch dazu aufgerufen, mit außerschulischen Lernorten zum Beispiel in Form von Schülerlaboren zu kooperieren, da diese eine besondere Expertise aufweisen und innovative Projekte ermöglichen können. Bei Schülerlaboren handelt es sich um einen bereits etablierten Ansatz zur nachhaltigen Förderung des naturwissenschaftlichen Nachwuchses (Guderian und Priemer 2008), wie es auch Münsters Experimentierlabor Physik an der Westfälischen Wilhelms-Universität Münster darstellt. Das als „Ort im Land der Ideen" prämierte Experimentierlabor begeistert Schülerinnen und Schüler weiterführender Schulen bereits seit dem Jahr 2007 für Forschung aus Physik und physiknahen Bereichen durch themenzentrierte Workshops und Hands-On Exponate. Zahlreiche Projekte mit verschiedenen Partnern aus Wirtschaft, Wissenschaft und Bildung mit einer Dauer zwischen einigen Stunden und mehreren Jahren führen zu einer besonderen Expertise, um Jugendlichen vielseitige und nachhaltige Einblicke in spannende Themen der Naturwissenschaft zu eröffnen.

Aufbauend auf den Erfahrungen dieser Einrichtung wurde mit dem Projektkurs „Selberdenken! – Naturwissenschaften hinterfragt" ein innovatives Konzept umgesetzt, welches durch einen besonderen Ansatz nachhaltig und langfristig für die Natur der Naturwissenschaften begeistert: Im Rahmen eines einjährigen Kurses erforschen Schülerinnen und Schüler der Oberstufe in experimentbasierten Workshops spannende Themen aus den Bereichen fundamentaler Grundlagenphysik sowie moderner optischer Technologien und hinterfragen diese mit den Werkzeugen der Philosophie. Im Mittelpunkt steht dabei das eigene, explorative Experimentieren und das bewusste Hinterfragen grundlegender naturwissenschaftlicher Prinzipien. Dies wird in bisher nicht realisierter, neuartiger Kombination mit aktuellen Technologien aus Alltag und Forschung verknüpft. Mit Hilfe der naturphilosophischen Perspektive wird den Teilnehmenden die Möglichkeit geboten, naturwissenschaftliches Wissen nicht länger als unwichtigen „Hintergrund" nur zu akzeptieren, sondern kritisch und neugierig zu hinterfragen sowie die wissenschaftliche Denk- und Arbeitsweise bewusst zu erleben. Auf diese Weise können sie authentische Ansichten über die Natur der Naturwissenschaften erlangen.

Ziel des vorliegenden Beitrags ist es, aufzuzeigen, wie mit Hilfe naturphilosophischer Ansätze angemessene Ansichten über die Natur der Naturwissenschaften vermittelt werden können. Dazu werden sowohl Hintergründe zur Natur der Naturwissenschaften (Kap. 2) als auch der Begriff der Naturphilosophie (Kap. 3) näher vorgestellt. Vor allem finden sich in diesem Beitrag aber konkrete Handlungsanweisungen für eine experimentelle Verbindung von Physik und Philosophie im Unterricht (Kap. 4), inklusive der Darstellung eines innovativen Formats zur Umsetzung dieses Konzepts im Rahmen einer Kooperation an der Schnittstelle von Schule und Hochschule.

## Literatur

Guderian P, Priemer B (2008) Interessenförderung durch Schülerlaborbesuche – eine Zusammenfassung der Forschung in Deutschland. Phys Didakt Sch Hochsch 2:27–36

Kruse A (2015) Photonik und Naturphilosophie. Dissertation, Westfälische Wilhelms-Universität Münster

Kruse A, Denz C (2015) Von Black Box Experimenten zur Verifikation von Werbeslogans. Der Math Naturwissenschaftliche Unterr 68:288–292

Kruse A, Alpmann C, Denz C (2014) Gefangen im Fokus des Lasers. Phys Unserer Zeit 45:94–96

Kruse A, Twardon J, Denz C (2015) Philosophisch zu Flüssigkristallen. Prax Naturwissenschaften Chem 64:29–35

# Ansichten über die Natur der Naturwissenschaften

Um zu erfassen, welche Ansichten ein Individuum über die Natur der Naturwissenschaften hat, betrachtet man nach Burkhardt Priemer dessen Auffassungen über die Genese, Ontologie, Bedeutung, Rechtfertigung und Gültigkeit von naturwissenschaftlichem Wissen (Priemer 2006). In diesem Zusammenhang wird beispielsweise untersucht, welche Vorstellungen eine Person über die Sicherheit und Stabilität von Wissen vertritt und was aus dieser Perspektive als Quelle für Wissen zur Verfügung steht. Um darüber urteilen zu können, ob die Ansichten eines Individuums über die Natur der Naturwissenschaften angemessen sind, hat man sich in der wissenschaftlichen Gemeinschaft auf zentrale Kriterien geeinigt, die das Wesen der Naturwissenschaften nach derzeitigem Expertenkonsens zutreffend beschreiben. Nach Priemer beinhaltet dieser Konsens die nachfolgend zusammengefassten Punkte:

- **Wertigkeit von Wissen**: Das von den Naturwissenschaften produzierte Wissen ist zwar zuverlässig, aber nicht unveränderlich, sondern immer vorläufig mit der Möglichkeit zur Falsifikation.
- **Einfluss von Theorie und Experiment**: Naturwissenschaftliches Wissen basiert auf experimentellen Daten und deren rationaler, skeptischer Auswertung. Dabei sind sowohl Beobachtungen wie auch Experimente stets durch bestehende Theorien geleitet.
- **Theorien und Gesetze**: Sowohl Theorien als auch Gesetze basieren auf Beobachtungen, wobei Gesetze das Beobachtete beschreiben und Theorien einen Erklärungsanspruch aufweisen, sodass beide Begriffe unterschiedlichen Zwecken dienen.
- **Diversität der Naturwissenschaften**: Das produzierte Wissen wird durch die forschenden Menschen gestaltet – hierbei existiert keine universelle wissen-

© Springer Fachmedien Wiesbaden 2016
A. Kruse, C. Denz, *Philosophie und Physik am außerschulischen Lernort,*
essentials, DOI 10.1007/978-3-658-11851-8_2

schaftliche Methode, sondern Naturwissenschaft ist kreativ und basiert auf der Individualität ihrer Menschen.

- **Kulturelle und gesellschaftliche Bedingtheit**: Der Prozess der Naturwissenschaften ist bedingt durch lokale und globale Entwicklungen in Kultur, Geschichte und Gesellschaft, beispielsweise existieren auch Einflüsse durch Evolution und Revolutionen. Hierbei besteht ebenfalls eine Wechselbeziehung zur Technik.
- **Einfluss der wissenschaftlichen Gemeinschaft**: Naturwissenschaftliches Wissen muss innerhalb der jeweiligen wissenschaftlichen Gemeinschaft reproduzierbar kommuniziert und von dieser akzeptiert werden, um allgemein anerkannt zu sein.

Ein Aufstellen derartiger Kennzeichen von Wissenschaft stellt inhärent einen reflexiven Umgang mit den Bedingungen und Möglichkeiten der Naturwissenschaft dar. Bereits hier deutet sich an, dass ein derartiges Hinterfragen des Wesens von Naturwissenschaft an philosophische Fragestellungen zur Struktur, Dynamik und Bedingungen von Wissenschaft anknüpft. Hierbei entsteht allerdings kein absolutes Wissen über die Naturwissenschaften, das lediglich gelernt werden muss, sondern es handelt sich um Rahmenbedingungen, für die die Schülerinnen und Schüler sensibilisiert werden müssen. Dass dies bisher nicht hinreichend gelingt, zeigt die nachfolgende Betrachtung des aktuellen Stands zu Schülervorstellungen über die Naturwissenschaften.

## 2.1  Analyse der Misskonzepte über die Natur der Naturwissenschaften bei Jugendlichen

Um die Ansichten von Schülerinnen und Schülern über die Natur der Naturwissenschaften zu erfassen, wurden zahlreiche Modelle entwickelt und eine Vielzahl an Erhebungen durchgeführt (Urhane und Hopf 2004; Priemer 2006). Allgemein anerkannt ist dabei die Tatsache, dass Schülerinnen und Schüler in Deutschland wie auch im anglo-amerikanischen Raum unzureichende Vorstellungen über die Naturwissenschaften vertreten. Die dritte internationale Mathematik und Naturwissenschaftsstudie (TIMSS III – Deutschland) aus dem Jahre 2000 hat beispielsweise bestätigt, dass Jugendliche ein traditionell empiristisches Weltbild leben, in dem Naturwissenschaften, wie die Physik, auf die Praxis des Entdeckens von Wahrheiten reduziert werden (Baumert et al. 2000). Ausführliche Studien wurden im englischsprachigen Raum von William McComas durchgeführt (McComas 1998), welche in Deutschland z. B. von Dietmar Höttecke nachvollzogen wurden (Höttecke 2001). Diese Erhebungen bestätigen, dass die Schülerinnen und Schüler eine finalistische Erkenntnisposition mit einem kumulativen Wissensverständnis vertreten, die den Expertenkonsens über die Natur der Naturwissenschaften nicht angemessen widerspiegelt. Insgesamt bestätigten sich die folgend zusammenge-fassten und von McComas klassifizierten Mythen über das Wesen der Naturwis-senschaft, welche von den Schülerinnen und Schülern in unterschiedlicher Aus-prägung vertreten werden:

- **Wertigkeit von Wissen:** Naturwissenschaftliches Wissen ist unveränderlich, die zugehörigen Erkenntnisse repräsentieren die Realität.
- **Einfluss von Theorie und Experiment:** Basis des naturwissenschaftlichen Wissens sind objektive Daten aus Experimenten, die Beweise liefern und somit zu sicherem Wissen führen.
- **Theorien und Gesetze:** Auf Basis von Hypothesen gehen Theorien in Gesetze über und sind somit deren Vorstufe.
- **Diversität der Naturwissenschaften**: Die Forschenden der Naturwissenschaft arbeiten nicht kreativ, sondern verfahren rein objektiv nach einer feststehenden, wissenschaftlichen Methode.
- **Kulturelle und gesellschaftliche Bedingtheit**: Naturwissenschaftlerinnen und Naturwissenschaftler arbeiten allein und objektiv. Dabei besteht kein Unter-schied zwischen Naturwissenschaften und Technik.
- **Einfluss der wissenschaftlichen Gemeinschaft**: Naturwissenschaftliche Er-kenntnisse werden aufgrund ihrer Wahrheit unproblematisch durch die wissen-schaftliche Gemeinschaft anerkannt.

Derartige Vorstellungen weisen im Vergleich mit dem Expertenkonsens auf ein unvollständiges und teilweise problematisches Verständnis des Wesens der Na-turwissenschaften hin. Zum einen werden durch derartige Ansichten die Mög-lichkeiten, Risiken und Grenzen von naturwissenschaftlich-technischem Wissen im Alltag nicht erkannt und dadurch ein mündiges Agieren in unserer Welt im Rahmen einer angemessenen naturwissenschaftlichen Grundbildung verhindert. Beispielsweise lässt sich das Image der Naturwissenschaft leicht zu Marketing-zwecken in Wirtschaft und Politik funktionalisieren. Zum anderen haben diese Ansichten auch unmittelbar negative Auswirkungen auf das Lernverhalten. Wird naturwissenschaftliches Wissen als gesichert angesehen, lernen Schülerinnen und Schüler die zugehörigen Inhalte lediglich auswendig und kontrollieren dieses nicht im Bezug zu bisher Bekanntem (Urhane und Hopf 2004). Der Lernprozess fin-det damit im naturwissenschaftlichen Unterricht in einer passiven Grundhaltung statt, in der Wissen mechanisch abgeschrieben und nicht hinterfragt wird (Duit 1990). Umgekehrt haben angemessen Ansichten über die Natur der Naturwissen-schaften einen positiven Einfluss auf das Lernverhalten. Wird beispielsweise der

Erkenntnisprozess in den Naturwissenschaften als komplex angesehen, führt dies auch zu Entwicklung und Anwendung komplexer Lernstrategien (Höttecke 2008).

Neben einer Vielzahl von informellen Quellen des Lernens, wie beispielsweise dem sozialen Umfeld und den Medien, stellt der Unterricht in der Schule eine Basis für die Vorstellungen von Kindern und Jugendlichen über die Naturwissenschaften dar. Dies wird beispielsweise dadurch bestätigt, dass das empiristisch-absolutistische Weltbild ausgeprägter wird, je länger sich Schülerinnen und Schüler mit Physik in der Schule beschäftigen (Baumert et al. 2000). Die Ursachen dafür können sehr vielseitig sein, bestimmte Formate und Methoden bieten jedoch ein besonderes Potential, um Misskonzepte auszubilden und voranzutreiben.

Eine Möglichkeit, um Raum für Mythen über die Naturwissenschaften zu schaffen, besteht in der klassischen Variante des Frontalunterrichts, in dem die Lehrkraft Wissen an der Tafel oder über Demonstrationsexperimente darbietet. Offensichtlich ermöglicht ein derartiges Format eine hohe Stofffülle in kurzer Zeit, welches wenig fehleranfällig und gut kontrollierbar ist. Allerdings kann dieser Vorgang schnell den Eindruck vermitteln, dass die Lehrkraft als reine Informationsquelle sicheres Wissen weitergibt, welches von dem Komplex der Naturwissenschaft bereits aufgedeckt wurde. Dabei wird die Idee des Lernens von Wahrheiten mit einer daraus folgenden Expertengläubigkeit unterstützt. Die naturwissenschaftliche Denk- und Arbeitsweise und vor allem das skeptische und kritische Hinterfragen finden in dieser Herangehensweise keinen Platz.

Um den Unterricht authentisch an der naturwissenschaftlichen Praxis zu orientieren, ist das Schülerexperiment eine zentrale Methode. Häufig handelt es sich hier allerdings um ein standardisiertes Experimentieren, in dem der Fokus auf dem Produkt liegt. Dies unterstützt ebenfalls ein absolutistisches Wissensverständnis und die Idee, dass durch eine einheitliche Methode Bekanntes bestätigt und Wahrheiten aufgedeckt werden. Priemer beispielsweise fasst zusammen, dass ein derartiges Vorgehen die Naturwissenschaften als normaldidaktisches Verfahren zeigen, welches geradlinig und regelgeleitet ist (Priemer 2003). Vor allem die Methode der Induktion findet hier durch die Idee von „Messung – Beobachtung – Auswertung" regelmäßig Anwendung und kann schnell für die Schülerinnen und Schüler als Maßstab für ein objektives Vorgehen der Wissenschaft zur Wissensgenerierung vermittelt werden. Der Einfluss von Kreativität, Hintergrundüberzeugungen und bestehenden Theorienkomplexen auf die Beobachtung sowie der vielschichtige Prozess rund um die Interpretation von Daten werden so vernachlässigt.

Die vorgeschriebenen Curricula bieten hingegen sehr konkreten Spielraum zur Thematisierung der Natur der Naturwissenschaften im Unterricht. Beispielsweise kann im Zusammenhang mit der Kompetenzdimension der Erkenntnisgewinnung im Fach Physik mit den Schülerinnen und Schülern aktiv diskutiert werden, was Begriffe wie Objektivität oder Intersubjektivität im Zusammenhang mit wissenschaftlichen Prozessen wie Beobachtungen und Interpretationen bedeuten (vgl. auch Trendel 2007). Lehrbücher selbst bieten allerdings wenig Anregung dazu, wie genau derartige Aspekte in den Unterricht integriert werden können (Höttecke und Silva 2011). Daher ist es von besonderer Bedeutung, dass sich Lehrkräfte selbst neue Methoden und Inhalte aneignen und so ihren Unterricht authentisch im Hinblick auf das Wesen der Naturwissenschaften gestalten. Dies kann durch eine gemeinsame Entwicklung von an die Bedürfnisse einer Schulklasse angepasste Themen in einem außerschulischen Lernort erfolgen. Der nachfolgende Abschnitt zeigt allgemeine Charakteristika für dieses Anliegen auf, die auch die Basis für das in Kap. 4 beschriebene Workshopkonzept „Selberdenken!" darstellen.

## 2.2  Allgemeine Charakteristika eines Unterrichts zur Natur der Naturwissenschaft

Generell sprechen sich Experten wie Höttecke dafür aus, die Kluft zwischen Unterrichtssituation und echter Wissenschaftspraxis dadurch zu überwinden, dass Naturwissenschaften authentisch durch die Methode des forschend-entdeckenden Lernens erlebt werden (Höttecke 2013). In diesem Sinne wird die Praxis des entdeckenden und problemorientierten Lernens, in dem das eigene, aktive Handeln und das Anwenden bestehender Denkstrukturen an einem konkreten Problem im Fokus steht, durch Abläufe aus der Forschungspraxis erweitert. Nach Schmidkunz und Lindemann ist hier das Ziel, dass die Schülerinnen und Schüler den Kreislauf des Erkenntnisprozesses von Problemgewinnung über Datenermittlung bis hin zur deren Interpretation durch methodisch kontrolliertes und zielorientiertes Handeln selbst erfahren (Schmidkunz und Lindemann 1992). Bei zu offenen Fragestellungen besteht dabei die Gefahr, dass die Teilnehmenden unsystematisch und wenig selbstreguliert vorgehen, sodass für ein effektives Arbeiten geeignete Strukturierungshilfen bei der Hypothesenbildung oder der Experimentierphase gegeben werden sollten (Gößling 2010). Ein zentrales Element dieses Vorgehens ist dabei das explorative Experimentieren, welches nach Höttecke das systematische Variieren von experimentellen Parametern und das identifizieren von Regelmäßigkeiten beinhaltet (Höttecke 2013).

Konsens besteht darüber hinaus in der Aussage, dass Aspekte zur Natur der Naturwissenschaften explizit thematisiert werden müssen. Ein implizites Mitlernen von Wissen über die Bedingungen und Möglichkeiten von Wissenschaft gelingt nicht, sondern muss bewusst mit den Inhalten und Methoden der Naturwissenschaft verknüpft werden (Trendel 2007; Hofheinz 2008). In der Literatur werden verschiedene Methoden vorgeschlagen, mit Hilfe derer die teilweise starre Kultur des Physikunterrichts aufgebrochen werden kann und so das Wesen der Naturwissenschaften von den Schülerinnen und Schülern explizit erlebt wird. Höttecke stellt beispielsweise folgende Methoden zusammen (Höttecke 2008, 2012):

- **Black Box Experimente**: Ermöglichen das systematische Analysieren ungelöster und scheinbar undurchdringlicher Probleme sowie bewusstes Unterscheiden von Theorie und Beobachtung.
- **Szenischer Dialog und Rollenspielaktivitäten**: Betonen verschiedene Perspektiven auf die Forschung, auch im Bezug zu kulturellen und historischen Bedingungen sowie den Hintergrundüberzeugungen früherer Forscherinnen und Forscher.
- **Historische Fallstudien**: Bieten einen Fokus auf das Erfahren von Wissenschaft im Kontext, zum Beispiel auch im Zusammenhang mit historischen Repliken.
- **Arbeitsgruppen als Praxis der Wissenschaftsgemeinschaft**: Simulieren das Wechselspiel zwischen verschieden denkenden Forschenden und machen das Präsentieren und Verteidigen von Ergebnissen innerhalb einer Gemeinschaft erlebbar.
- **Forschertagebücher:** Erlauben das Erleben von Wissenschaft als Prozess durch das Protokollieren von verschiedenen Arbeitsschritten, wirken der Idee von Wissenschaft als Produkt entgegen.
- **Reflection Corner:** Ermöglicht mit einem Sammeln von grundlegenden Aspekten zur Natur der Naturwissenschaft an einem Ort im Klassenzimmer (z. B. über Plakate) ein regelmäßiges Thematisieren zugehöriger Fragestellungen.

Ein Anwenden dieser allgemeinen Methoden ist in einer Vielzahl von Unterrichtssituationen und Fachschwerpunkten möglich. Um die Schülerinnen und Schüler nachhaltig für ein Nachdenken über die Natur der Naturwissenschaften zu begeistern, bietet es sich zudem an, die Basis der zugehörigen Fragestellungen zu motivieren. Denn bei diesem Blickwinkel auf Naturwissenschaften und Technik geht es nicht darum faktische Inhalte zu erlernen, sondern die Wissenschaft mit ihren Strukturen, ihrer Dynamik und ihren Bedingungen auf geisteswissenschaftlicher Ebene zu analysieren. Inhärent werden dabei Kompetenzen der wissenschaftlichen Denk- und Arbeitsweise erlernt, die die Schülerinnen und Schüler nicht nur im Unterricht, sondern auch in ihrem Alltag begleiten und ein mündiges Handeln in der Welt ermöglichen.

Ein aktives Nachdenken über die Natur der Naturwissenschaften ist per se mit einer Vielzahl von geisteswissenschaftlichen Disziplinen verbunden. Aspekte zur Wissenschaftsgemeinschaft werden im Rahmen der Soziologie diskutiert, die Psychologie ermöglicht ein Reflektieren der Persönlichkeiten der Forschenden, vor allem aber bieten die Wissenschaftsgeschichte und die Naturphilosophie die Basis, um im Rückblick auch auf historische Entwicklungen systematisch Methoden, Möglichkeiten und Grenzen der Naturwissenschaft zu hinterfragen (Ertl 2010).

Im Rahmen dieses Beitrags wird ein Schwerpunkt auf die naturphilosophische Perspektive gelegt. Denn besonders die Philosophie bietet mit ihren verschiedenen Theorien und Ansätzen das geeignete Handwerkszeug, um mit Schülerinnen und Schülern tiefgehend das Wesen der Naturwissenschaften zu hinterfragen und dabei eine skeptisch-neugierige Geisteshaltung zu entwickeln, die sie in ihren Alltag mit hineinnehmen. Bei diesem Ansatz spielt die Disziplin der Wissenschaftstheorie eine besondere Rolle, da sie die Basis für naturphilosophische Reflexionen darstellt. Ebenso greift hier das Gebiet der Wissenschaftsgeschichte an vielerlei Stellen ein, denn bei einer philosophischen Analyse der Dynamik und Entwicklungen der Naturwissenschaft sind historische Ereignisse und die zugehörigen kulturellen und gesellschaftlichen Weltbilder von besonderer Bedeutung.

Im Rahmen des nächsten Kapitels wird die Disziplin der Naturphilosophie mit der sie konstituierenden Wissenschaftstheorie vorgestellt und Anwendungen für den Unterricht aufgezeigt. Ein Schwerpunkt wird dabei auf die Verbindung von Philosophie und Physik gelegt, die als ganzheitliches Konzept im Projektkurs „Selberdenken!" (Siehe Kap. 4) experimentell zugänglich gemacht wird.

## Literatur


Baumert J, Bos W, Brockmann J, Gruehn S, Klieme E, Köller O, Lehmann R, Lehrke M, Neubrand J, Schnabel K-U, Watermann R (2000) TIMSS III – Deutschland. Der Abschlussbericht. Zusammenfassung ausgewählter Ergebnisse der Dritten Internationalen Mathematik- und Naturwissenschaftsstudie zur mathematischen und naturwissenschaftlichen Bildung am Ende der Schullaufbahn. Max-Planck-Institut für Bildungsforschung, Berlin

Duit R (1990) Trends der Forschung zum naturwissenschaftlichen Denken – von Alltagsvorstellungen zur konstruktivistischen Sichtweise. In: Wiebel KH (Hrsg) Zur Didaktik der Physik und Chemie, GDCP-Tagung 1989. Leuchtturmverlag, Alsbach, S 112–131

Ertl D (2010) The nature of science. Plus Lucis 1:5–7

Gößling J-M (2010) Selbständig entdeckendes Experimentieren. Lernwirksamkeit der Strategieanwendung. Dissertation, Universität Duisburg-Essen

Hofheinz V (2008) Erwerb von Wissen über „Nature of Science". Dissertation, Universität Siegen

Höttecke D (2001) Die Vorstellungen von Schülern und Schülerinnen von der Natur der Naturwissenschaften. Z Didakt Naturwissenschaften 7:7–23

Höttecke D (2008) Was ist Naturwissenschaft? Physikunterricht über die Natur der Naturwissenschaften. Naturwissenschaften Unterr 103:4–11

Höttecke D (2012) Implementing history and philosophy in science teaching: strategies, methods, results and experiences from the European HIPST Project. Sci Edu 21:1233–1261

Höttecke D (2013) Forschend- entdeckenden Unterricht authentisch gestalten – Ein Problemaufriss. In: Bernholt S (Hrsg) Inquiry-based Learning – Forschendes Lernen. IPN Verlag, Kiel, S 32–45

Höttecke D, Silva C-C (2011) Why implementing history and philosophy in school science education is a challenge: an analysis of obstacles. Sci Edu 20:293–316

McComas W-F (1998) The nature of science in science education: dispelling the myths. Sci Edu 7:511–532

Priemer B (2003) Ein diagnostischer Test zu Schüleransichten über Physik und Lernen von Physik – eine deutsche Version des Tests „Views About Science Survey". Z Didakt Naturwissenschaften 9:160–178

Priemer B (2006) Deutschsprachige Verfahren der Erfassung von epistemologischen Überzeugungen. Z Didakt Naturwissenschaften 12:159–175

Schmidkunz H, Lindemann H (1992) Das forschend-entwickelnde Unterrichtsverfahren. Problemlösen im naturwissenschaftlichen Unterricht. Westarp Wissenschaften

Trendel G (2007) Naturwissenschaftliche Arbeitsweise. Der Math Naturwissenschaftliche Unterr 60:388–394

Urhane D, Hopf M (2004) Epistemologische Überzeugungen in den Naturwissenschaften und ihre Zusammenhänge mit Motivation, Selbstkonzept und Lernstrategien. Z Didakt Naturwissenschaften 10:71–87

# Grundzüge und Anwendung der Naturphilosophie 3

Bis heute ist es ein zentraler Wesenszug der Naturwissenschaften, ihre Methoden und Gegenstände kritisch zu reflektieren und beispielsweise Erkenntnisansprüche oder grundlegende Konzepte zu hinterfragen. Durch diese Selbstreflexion weisen die Naturwissenschaften immer philosophieorientierte Züge auf (Mittelstrass 1988), auch wenn diese nicht immer explizit diskutiert werden. Ebenso betreibt die Philosophie in ihrer Reflexion keine isolierte Praxis, sondern bezieht sich mit ihren Fragestellungen auch auf das menschliche Unterfangen der Wissenschaft. Der Teilbereich der Philosophie, der sich disziplinübergreifend mit der Struktur, Dynamik und den Bedingungen von Wissenschaft auseinander setzt, wird als Wissenschaftsphilosophie bezeichnet. Hier stehen im Wesentlichen die Inhalte und Methoden der Wissenschaftstheorie im Mittelpunkt. Durch den unvermeidbaren Zusammenhang der Wissenschaften mit Kultur, Individualität der Forschenden und Gesellschaft grenzen die Fragestellungen immer auch an die Disziplinen der Wissenschaftsethik, Wissenschaftsgeschichte und Wissenschaftssoziologie an und sind eng mit diesen verwoben (Lyre 2009).

Die Wissenschaftstheorie selbst lässt sich in einen allgemeinen und einen speziellen Teilbereich gliedern. Die allgemeine Wissenschaftstheorie arbeitet disziplinübergreifend. Dabei untersucht sie methodische, semantische, epistemologische und ontologische Aspekte von Wissenschaft, sodass hier vor allem die systematische Reflexion der wissenschaftlichen Arbeitsweise, die Beschaffenheit von Theorien und ihre Dynamik sowie die Begriffsbildung im Mittelpunkt stehen (Carrier 2007). Dies beinhaltet zum Beispiel eine Diskussion der erkenntnistheoretischen Ansprüche einer Theorie und der zugehörigen Interpretationskonsequenzen für das wissenschaftliche Weltbild. Im Rahmen der speziellen Wissenschaftstheorie werden diese Fragestellungen konkret auf einzelne Fächer bezogen. Dabei versteht man die spezielle Wissenschaftstheorie der Naturwissenschaften unter dem Begriff Naturphilosophie. Beispielsweise untersucht man hier Eigenschaften

© Springer Fachmedien Wiesbaden 2016
A. Kruse, C. Denz, *Philosophie und Physik am außerschulischen Lernort,*
essentials, DOI 10.1007/978-3-658-11851-8_3

physikalischer Begriffe und Konzepte wie Raum, Zeit und Kausalität sowie ihre Bedeutung im Gefüge unseres naturwissenschaftlichen Weltbilds. Die Ergebnisse einer derart fundamentalen Diskussion ergeben dabei häufig Rückschlüsse auf Grundfragen der Philosophie, sodass diese beiden Disziplinen auch heute noch eng miteinander wechselwirken. Dass diese Verbindung auch in der heutigen Zeit von besonderer Bedeutung ist, zeigen Sammelbände wie „Philosophie der Physik" von Michael Esfeld aus dem Jahr 2013, indem eine Vielzahl von aktuellen Themen wie der Quantenphysik und der Geometrie des Raumes auf hohem physikalisch-philosophischem Niveau diskutiert werden (Esfeld 2013).

Im Folgenden werden Kennzeichen, Methoden und Inhalte der Wissenschaftstheorie mit einem naturwissenschaftlichen Bezug für die Anwendung in einem sinnstiftenden Unterricht zur Natur der Naturwissenschaften näher vorgestellt. Für eine detaillierte Darstellung der Historie und der begrifflichen Entwicklungen sei beispielsweise auf die folgende Literatur verwiesen (Carrier 2007; Kühne 1999; Moulines 2008), die auch als Grundlage für den vorliegenden Überblick dient.

## 3.1  Wissenschaftstheorie und die Naturwissenschaften

Die Wissenschaftstheorie entwickelte sich zu Anfang des 20. Jahrhunderts und somit in einer Zeit, in der in den Naturwissenschaften und vor allem in der Physik eine Vielzahl von fundamentalen Umbrüchen in bestehenden Konzepten und Begriffen stattfand. Eine Erklärung dieses Wandels schien damals allein mit Hilfe der bestehenden philosophischen Strömungen und rein metaphysischen Überlegungen nicht möglich zu sein. Anknüpfend an diese Tatsache gründete eine Gruppe von Wissenschaftlern, unter ihnen Moritz Schlick, um 1920 den Wiener Kreis. Ziel der dortigen Diskussionen war es, wissenschaftliche Begriffe und Theorien ausgehend von der Erfahrung und damit induktiv zu begründen und jede Art von metaphysischen Reflexionen außerhalb der Erfahrung auszuschließen. Diese als **logischer Positivismus** bezeichnete Strömung fokussierte somit Erklärungen auf empirisch zugängliche Beobachtungen, auf die Interpretation von Daten sowie auf daraus ableitbare, aber an der Wirklichkeit überprüfbare Relationen. Dabei wurde ein Fokus auf eine einheitliche Wissenschaftssprache gelegt, um durch deren klare, rationale und vor allem logische Analyse ein adäquates Erkenntnismittel zu schaffen und die objektive Einordnung von Beobachtungen zu ermöglichen. Dieser Ansatz einer sprachlich fundierten Modernisierung von Philosophie und Naturwissenschaften wird als linguistische Wende bezeichnet.

An dieser Strömung anknüpfend entwickelte Karl Popper um 1930 die Position des **kritischen Rationalismus.** Wie auch die Mitglieder des Wiener Kreises thematisierte er das Prinzip der Wissenschaftlichkeit, allerdings fokussierte Popper weniger die Wissenschaftssprache als die wissenschaftliche Methode und damit verbunden Möglichkeiten zum Erkenntnisfortschritt. Einer der wichtigsten Begriffe des kritischen Rationalismus ist die Falsifikation und damit die Möglichkeit zur Widerlegung einer Theorie durch die Erfahrung. Nach Popper ist jede wissenschaftliche Theorie dadurch gekennzeichnet, dass sie prinzipiell durch Experimente widerlegt werden könnte. Damit kritisiert Popper den induktiven und auf Beobachtungen basierenden Zugang des Wiener Kreises: Theorien müssen nicht durch Beobachtungen nahe gelegt werden, sondern können auch frei und kreativ erfunden werden. Der Prozess der Hypothesenfindung und damit die Genese einer Theorie steht somit nicht in Verbindung mit ihrem Geltungsanspruch und ihrer Rechtfertigung: Ein hypothetisch-deduktiver Weg ausgehend von Hypothesen bis hin zur Ableitung von Beobachtungssätzen, die an der Wirklichkeit überprüft werden können, kann genauso gewinnbringend sein, wie ein rein induktiver Ansatz. Ein Kriterium für die Wissenschaftlichkeit ist nach Popper lediglich ihre Möglichkeit zur Falsifikation.

Durch die Thematisierung des kritischen Rationalismus nach Popper, auch beispielsweise in Anlehnung an seine Kritik am Wieder Kreis, können im Unterricht Grenzen der wissenschaftlichen Methode diskutiert und vor allem Mythen über die Natur der Naturwissenschaften aufgedeckt werden. Zum einen kann an dieser Stelle thematisiert werden, dass jede wissenschaftliche Theorie prinzipiell falsifizierbar und somit vorläufig ist – es existiert kein absolut wahres, finales Wissen über die Welt. Daran anknüpfend kann der von Schülerinnen und Schüler häufig vertretene Wahrheitsanspruch naturwissenschaftlicher Theorien hinterfragt werden. Zum anderen ermöglicht der Ansatz nach Popper eine Betonung der Bedeutung von Kreativität für den Forschungsprozess und eine Unterscheidung zwischen dem Aufstellen und dem Rechtfertigen einer Hypothese. Beispielsweise führt Popper an, dass eine Bestätigung kreativer und auf den ersten Blick unwahrscheinlicher Theorien zu einem enormen und unerwartetem wissenschaftlichen Fortschritt führen kann.

Popper war darüber hinaus der Ansicht, dass über den wissenschaftlichen Forschungsprozess eine Annäherung an eine objektive Wahrheit und somit wissenschaftlicher Fortschritt kontinuierlich möglich sei. In der Mitte des 20. Jahrhunderts kritisierte Thomas Kuhn mit seiner Theorie zur **Struktur wissenschaftlicher Revolutionen** derartige Aspekte der Theoriendynamik und entwarf ein gegenläufiges Modell. Eine Thematisierung seiner wissenschaftstheoretischen Ideen im Unterricht ermöglicht eine intensive Diskussion des Einflusses von gesellschaftlichen Bedingungen auf die Wissenschaft und ein kritisches Hinterfragen der prinzipiellen Beschaffenheit des Fortschritts. Denn Kuhn widersprach der bis dahin verbreiteten Meinung über einen kumulativen Wissenszuwachs mit einer revolutionären Perspektive, welche Objektivität und Fortschritt in ein anderes Licht stellte und die sogenannte historische Wende in der Wissenschaftstheorie einläutete.

Nach Kuhn arbeiten die Mitglieder einer Forschungsgemeinschaft stets unter der Herrschaft eines bestehenden Paradigmas. Dieses umfasst das derzeit verbreitete und etablierte Theoriengebäude, welches alle Beobachtungen bestmöglich erklärt und vorhersagt. Die Forschungsgemeinschaft hat bei ihrer Arbeit in der sogenannten normalen Wissenschaft nun das Ziel, dieses Paradigma weiter auszuarbeiten und neue Beobachtungsdaten mit dessen Hilfe zu erklären. Vereinzelt auftretende Widersprüche, die nicht in das bestehende System integriert werden können, werden dabei als Anomalien nicht weiter verfolgt. Eine derart intensive Ausarbeitung eines Paradigmas ermöglicht den Forschenden ein besonders tiefgehendes Verständnis ihres Theoriengebäudes, welches das Bewusstsein für Inkonsistenzen und mögliche Anomalien immer weiter schärft. Treten nun vermehrt Beobachtungen auf, die im bisherigen Modell nicht zu erklären sind, kann die Bereitschaft für einen Paradigmenwechsel entstehen: In dieser Zeit der Krise kann ein neues, revolutionäres Paradigma entstehen, welches mit dem alten nicht zu vereinbaren ist und eine neue Weltsicht auslöst. Bestehende Beobachtungsdaten werden im Licht dieses neuen Paradigmas anders gedeutet und gegebenenfalls ganz anders gesehen. Kuhn vergleicht diesen Prozess mit einer Revolution, da es zum einen widerstreitende Anhänger sowohl des alten wie des neuen Paradigmas gibt, und zum anderen, weil sich die Welt, in der wissenschaftlich gearbeitet wurde, gänzlich ändert und das neue Paradigma ein neues Weltbild zulässt. Ob eine bisher bestehende Theorie, die scheinbar das Fundament unseres Weltverständnisses darstellt, endgültig ist, lässt sich somit niemals sicher sagen. Beispiele für eine wissenschaftliche Revolution sind nach Kuhn der Übergang vom geo- zum heliozentrischen Weltbild, die Ablösung der Phlogistontheorie durch die Sauerstoffchemie oder der Wandel von der Newtonschen Mechanik zu Einsteins Relativitätstheorie.

Zum Ende des 20. Jahrhundert verbreitete sich das Spektrum an wissenschaftstheoretischen Positionen enorm und eine Vielzahl von Strömungen verfolgten verschiedene Ideen und Ansätze. Es entstand eine pluralistische Wissenschaftstheorie, die bis heute keine einheitliche Theorie vertritt, sondern durch einen lebendigen, wechselseitigen Diskurs gekennzeichnet ist. Im Folgenden werden einige der Strömungen beispielhaft vorgestellt.

- **Reduktionismus**: Im Rahmen dieser Strömung wird das hierarchische Verhältnis zwischen verschiedenen Theorien betrachtet sowie hinterfragt, inwiefern diese aufeinander reduziert werden können. Vor allem geht man davon aus, dass ein System durch seine Einzelteile bestimmt ist, keine emergenten Phänomene vorliegen oder etwas mehr sein kann als die Summe seiner Teile. Beispielsweise wird im Rahmen des Physikalismus diskutiert, ob die Physik alle anderen Naturwissenschaften erklären bzw. integrieren kann und somit eine Einheitswissenschaft darstellt.

- **Wissenschaftlicher Realismus**: Diese Position nimmt an, dass eine vom Menschen unabhängige Welt existiert, die unserer Erkenntnis zugänglich ist und durch empirisch etablierte Gesetze und Theorien sinnvoll beschrieben werden kann. Andersfalls wäre der wissenschaftliche Fortschritt nicht mehr als ein gutbedachtes Raten und müsste wie ein Wunder erscheinen. Ein Spezialfall dieser Strömung ist der Strukturenrealismus, der davon ausgeht, dass lediglich die Relationen zwischen Objekten, nicht aber die Objekte selbst wissenschaftlicher Erkenntnis zugänglich sind.

- **Instrumentalismus**: Hier wird auf den Erkenntnisanspruch von wissenschaftlichen Theorien verzichtet: sie stellen lediglich ein Hilfsmittel dar, um unsere Welt zu beschreiben. Daher ist es auch nicht notwendig, zwischen richtig und falsch zu unterscheiden, sondern lediglich die empirische Adäquatheit und damit die Übereinstimmung mit experimentellen Daten ist von Bedeutung.

## 3.2  Naturphilosophie und Physikdidaktik

Vergleicht man die grundlegenden Inhalte der Naturphilosophie mit den Ansprüchen eines Nachdenkens über die Natur der Naturwissenschaften, ist offensichtlich, dass beide eine philosophische Auseinandersetzung mit der Naturwissenschaft an sich beinhalten (vgl. auch Neumann und Kremer 2013). Denn beide setzen sich mit der Struktur und der Dynamik von Naturwissenschaft auseinander, versuchen durch kritische Reflexion von Methoden und Ansprüchen sinnvolle Kriterien einer guten wissenschaftlichen Praxis aufzustellen und rückblickend zu analysieren, welchen Bedingungen sie unterliegt. Vor allem durch diese Retrospektive wird auch die enge Verknüpfung zur Wissenschaftsgeschichte deutlich. Auf dieser Basis bestätigen eine Vielzahl von Autoren in der führenden Literatur die Bedeutung einer expliziten Thematisierung von Naturphilosophie und Wissenschaftsgeschichte im naturwissenschaftlichen Unterricht, von denen hier nur einige Beispiele genannt werden können.

Frank Witzleben betont beispielsweise die Bedeutung wissenschaftstheoretischer Reflexionen im naturwissenschaftlichen Unterricht, um generellen Verständnisproblemen entgegenzuwirken, allgemeine Formen des Lernens zu thematisieren sowie wissenschaftliches Denken gezielt zu üben und zu differenzieren (Witzleben 2002). Auch moderne Grundlagen zur Physikdidaktik betonen sehr ausführlich die Bedeutung und Tragweite wissenschaftstheoretischer Überlegungen, wie beispielsweise Ernst Kircher ausführt (Kircher et al. 2007). Eine allgemeine Einführung in die grundlegenden Konzepte von Wissenschaftstheorie und –Geschichte im Physikunterricht, insbesondere auch im Bezug zu den Bildungsstandards, gibt Dietmar Höttecke (Höttecke 2008, 2011). Stefan Uhlmann schlägt darüber hinaus eine Erhöhung der Authentizität naturwissenschaftlicher Hintergründe zum Beispiel durch konkrete Diskussionen mit Wissenschaftlerinnen und Wissenschaftlern vor (Uhlmann und Priemer 2010).

Neben diesen allgemein gehaltenen Vorschlägen und Diskussionen zu Hintergründen der Natur der Naturwissenschaften im Unterricht bieten einige Autoren auch Vorschläge zu konkreten Unterrichtskonzepten an. Besonders hervorzuheben ist hier das Portal „History and Philosophie in Science Teaching" (HIPST), welches lehrplankompatible Unterrichtsmaterialien mit einem klaren Bezug zu Philosophie und Geschichte der Naturwissenschaften anbietet (Höttecke et al. 2008). Beispielsweise wird hier ein Projekt vorgestellt, in dem durch die phänomenologische Unterscheidung von Elektrizität und Magnetismus motivationale Aspekte von Wissenschaften sowie die Herausbildung von Theorien aus dem Experiment reflektiert werden (Höttecke und Henke 2012). Ein weiteres Konzept setzt sich mit der historischen Forschung zur elektrischen Leitung auseinander und thematisiert den wissenschaftlichen Prozess sowie den Einfluss von Kreativität und Individualität (Höttecke und Henke 2013).

Obwohl Anregungen in der Literatur für einen authentischen Unterricht über die Natur der Naturwissenschaften existieren, werden sie derzeit kaum im Unterricht umgesetzt (Höttecke 2008; Priemer 2003). Dies kann unter anderem darin begründet sein, dass eine Integration derartiger Inhalte in den Unterricht von den Lehrkräften eine hohe Flexibilität und vor allem lange Vor- und Nachbereitungszeiträume fordert. Zudem benötigt ein eigenständiges, exploratives Experimentieren und tiefgehendes Hinterfragen von Inhalten und Methoden der Naturwissenschaften einen zeitlichen Spielraum, der in der Schule häufig strukturbedingt nicht gegeben ist. Um diesem Problem entgegenzuwirken, bietet sich die Kooperation mit außerschulischen Lernorten an. Der folgende Teil dieses Beitrags stellt den Projektkurs „Selberdenken!" vor, der sich zum Ziel gesetzt hat, über die Verbindung von Naturphilosophie und Physik in einem innovativen, experimentbasierten Workshopkonzept einen authentischen Zugang zu den Naturwissenschaften zu eröffnen. Zum einen wird hier das prinzipielle Format als Best practice Beispiel für eine Kooperation zwischen Schule und Hochschule vorgestellt, das über diesen Ansatz auch an anderer Stelle multipliziert und umgesetzt werden kann. Zum anderen finden interessierte Lehrkräfte auch Anregungen, um den eigenen Unterricht aus einem naturphilosophischen Ansatz heraus zu gestalten.

## Literatur

Carrier M (2007) Wege der Wissenschaftsphilosophie im 20. Jahrhundert. In: Bartels A, Stöckler M (Hrsg) Wissenschaftstheorie – Ein Studienbuch. mentis Verlag, Paderborn, S 15–44

Esfeld M (Hrsg) (2013) Philosophie der Physik. Suhrkamp Verlag, Berlin

Kircher E, Girwidz R, Häußler P (2007) Über die Natur der Naturwissenschaften lernen. In: Kircher E, Girwidz R, Häußler P (Hrsg) Physikdidaktik. Springer Verlag, Heidelberg, S 707–742

Kühne U (1999) Wissenschaftstheorie. In: Sandkühler HJ (Hrsg) Enzyklopädie Philosophie. Felix Meiner Verlag, Hamburg, S 1778–1791

Höttecke D (2008) Was ist Naturwissenschaften? Physikunterricht über die Natur der Naturwissenschaften. Naturwissenschaften Unterr 103:4–11

Höttecke D (2011) Geschichte im Physikunterricht. Unterr Phys 126:4–10

Höttecke D, Henke A (2012) Magnetische und elektrische Anziehungskräfte auf dem Prüfstand. Unterr Phys 127:18–23

Höttecke D, Henke A (2013) Elektrische Leitung auf dem Holzweg. Unterr Phys 133:17–21

Höttecke D, Rieß F, Henke A, Engels W (2008) Natur der Naturwissenschaften mit Geschichte und Philosophie lernen. In: Höttecke D (Hrsg) Chemie- und Physikdidaktik für die Lehramtsausbildung, GDCP-Tagung 2008. LIT Verlag, Münster, S 416–418

Lyre H (2009) Was ist Naturphilosophie und was kann sie leisten? In: Kummer C (Hrsg) Ist theoretische Naturphilosophie normativ? Karl Alber, Freiburg, S 28–37

Mittelstrass J (1988) Die Philosophie der Wissenschaftstheorie: Über das Verhältnis von Wissenschaftstheorie, Wissenschaftsforschung und Wissenschaftsethik. Z Allg Wiss 19:308–327

Moulines C-U (2008) Die Entwicklung der modernen Wissenschaftstheorie (1890–2000). Eine historische Einführung. LIT Verlag, Hamburg

Neumann I, Kremer K (2013) Nature of Science und epistemologische Überzeugungen – Ähnlichkeiten und Unterschiede. Z Didakt Naturwissenschaften 19:209–232

Priemer B (2003) Ein diagnostischer Test zu Schüleransichten über Physik und Lernen von Physik – eine deutsche Version des Tests „Views About Science Survey". Z Didakt Naturwissenschaften 9:160–178

Uhlmann S, Priemer B (2010) Das Experiment in Schule und Wissenschaft – ein Nature of Science-Aspekt explizit in einem Projekt am Schülerlabor. PhyDid B – Beitr DPG Frühjahrstagung, S 1–6

Witzleben F (2002) Helfen wissenschaftstheoretische Fragen beim Verständnis der Naturwissenschaften? Der Math Naturwissenschaftliche Unterr 55:452–458

## 4.1 Perspektiven an Schülerlaboren

Außerschulische Lernorte bauen durch besondere Formate der Wissensvermittlung Brücken zwischen Schule, Hochschule sowie Wirtschaft und begeistern Schülerinnen und Schüler entlang der gesamten Bildungskette für naturwissenschaftlich-technische Themen. Als Schülerlabor wird dabei jede dieser Einrichtungen bezeichnet, in denen die Teilnehmenden eigenständig Experimente durchführen und verschiedenste Themengebiete bevorzugt nach dem Prinzip des forschenden Lernens erkunden (Haupt et al. 2013). Durch ihr kontinuierliches und frühzeitiges Heranführen von Schülerinnen und Schülern an Themen im Bereich von Mathematik, Informatik, Naturwissenschaften und Technik (MINT) kann das Interesse wirkungsvoll gesteigert werden (Guderian und Priemer 2008). Dabei lassen sich durch ein Loslösen vom Schulalltag und den Rahmenbedingungen des Lehrplans hier neue, lebensweltnahe Zugänge zu Naturwissenschaften und Technik finden, die auch insbesondere Aspekte zur Natur der Naturwissenschaften betonen. Beispielsweise gelingt es durch einen Einblick in den Alltag von Forschungseinrichtungen und Unternehmen die Praxis des wissenschaftlichen Arbeitens authentisch zu erleben, oder im Dialog mit den Forschenden ihre Denk- und Arbeitsweise kennen zu lernen. Ausgedehnte Experimentierphasen mit einem wahlfreien Zugriff auf Materialien und Geräten mit entsprechender Anleitung eröffnen den Schülerinnen und Schülern zudem vielseitige Herangehensweisen an den Forschungsprozess und ein Entfalten und Erproben der eigenen Kompetenzen. Dies hat unter anderem zur Folge, dass sich die Qualität epistemischer Fragen und das vorausschauende Denken bei den Teilnehmenden verbessert (Zehren et al. 2013).

Dabei ist zu beachten, dass einzelne Besuche in Schülerlaboren nur kurzfristig positive Effekte hervorrufen, sodass für einen nachhaltigen Interessenanstieg ein mehrfacher Besuch, oder aber eine adäquate Einbettung der Inhalte in den Unter-

© Springer Fachmedien Wiesbaden 2016
A. Kruse, C. Denz, *Philosophie und Physik am außerschulischen Lernort,*
essentials, DOI 10.1007/978-3-658-11851-8_4

richt nötig ist (Guderian 2007). Insbesondere an dieser Stelle zeigt sich der Mehrwert einer engen Kooperation zwischen Schule und außerschulischem Lernort: Schülerlabore bieten Möglichkeiten, die über die Grenzen des Schulalltags hinausgehen, können aber nur in direktem, kontinuierlichen Kontakt mit den Schülerinnen und Schülern langfristige Effekte hervorrufen. Münsters Experimentierlabor Physik an der Westfälischen Wilhelms-Universität Münster trägt dieser Tatsache Rechnung, in dem vermehrt Projekte initiiert werden, in denen Kinder und Jugendliche für mindestens ein Schuljahr begleitet und für die Naturwissenschaften begeistert werden.

Ein Format, um diesen Anspruch im System der Schule gerecht zu werden, ist der im Schuljahr 2011/2012 in Nordrhein Westfahlen von der Qualitäts- und Unterstützungsagentur des Landesinstituts für Schule eingerichtete Projektkurs. Dieses Angebot erweitert das Fächerspektrum der Oberstufe um einen regulären dreistündigen Kurs, der in das Notenspektrum des Abiturs einfließt, aber losgelöst von den Vorgaben des Lehrplans freies, wissenschaftspropädeutisches Arbeiten ermöglicht. Dazu werden zwei Referenzfächer bestimmt, von denen eins von den Teilnehmenden in der Oberstufe belegt werden muss, und die das Gerüst für die Inhalte des Kurses darstellen. Zudem kann der Kurs zugunsten von Blockeinheiten variabel umgestaltet und so längere Experimentier- und Forschungszeiträume ermöglicht werden. Inhaltlich können hier vor allem fächerverbindende und fächerübergreifende Ansätze gewählt werden, die es den Schülerinnen und Schülern ermöglichen, einen Themenkomplex ganzheitlich und aus einer umfassenden Perspektive zu erkunden. Am Abschluss steht die Anfertigung und Dokumentation eines eigenen Projekts durch die Schülerinnen und Schüler. Betreut und benotet wird der Kurs von einer Lehrkraft. Die Struktur des Projektkurses eignet sich bestmöglich, um ein Projekt zu Natur der Naturwissenschaften und ein freies und kreatives Arbeiten an der Schnittstelle von Physik und Naturphilosophie zu ermöglichen, ebenso können aber in Eigeninitiative weitere Formate zwischen Schule und Hochschule zum Beispiel in Form von Arbeitsgemeinschaften entwickelt werden.

## 4.2  Der Projektkurs „Selberdenken!"

Das Konzept des Projektkurses „Selberdenken!" baut auf den in den vorhergehenden Kapiteln dargestellten Grundlagen zur Naturphilosophie und Natur der Naturwissenschaften auf und ermöglicht es Schülerinnen und Schülern auf innovative Weise Physik aus philosophischer Perspektive am Experiment zu erleben. Für die schulische Umsetzung des Kurses (Logo siehe Abb. 4.1) wurden die Fächer Physik und Philosophie als Referenz gewählt. Der Kurs fand über ein Schuljahr alle zwei

**Abb. 4.1** Das Logo von
„Selberdenken!"

Wochen in den Räumlichkeiten des außerschulischen Lernorts für drei Zeitstunden statt. Innerhalb von zwei Schuljahren wurden dabei drei Kurse mit insgesamt 33 Schülerinnen und Schülern von fünf unterschiedlichen Schulen durchgeführt.

Obwohl der Schwerpunkt auf eine naturphilosophische Betrachtung der Physik gelegt wird, handelt es sich bei „Selberdenken!" um einen interdisziplinären Kurs. Denn hier steht nicht das Erlernen von Fachinhalten im Vordergrund, sondern das Erleben der wissenschaftlichen Denk- und Arbeitsweise sowie das Ausbilden einer kritisch neugierigen Sichtweise auf die Welt. Daher sind auch Jugendliche im Kurs willkommen, die beispielsweise Physik nicht in der Oberstufe belegen, sondern durch ihr Interesse zur Philosophie teilnehmen. Der Kurs wird demnach so aufgebaut, dass er auch mit einem Basiswissen in Physik verfolgt werden kann. Auf Grundlage der Aspekte zur Naturphilosophie und den Hintergründen zur Natur der Naturwissenschaften wurden darüber hinaus folgende Rahmenbedingungen und Anforderungen an den Kurs gestellt:

- **Thematische Diversität**: Ziel des Kurses ist nicht, Naturphilosophie und Naturwissenschaften separat in unterschiedlichen Einheiten zu erfahren, sondern ihre inhärente Verbindung in Experimenten und Diskussionen dauerhaft zu erleben. Daher wird in „Selberdenken!" eine Vielzahl an physikalischen Themen behandelt, die alle einen besonderen naturphilosophischen Bezug aufweisen. Würde man sich auf ein einzelnes Thema beschränken, würden die Teilnehmenden hier zu sehr isolierten Experten. Ziel ist es hingegen, den philosophischen Zugang an immer wieder neuen Situationen zu erproben, sodass dieser kritisch-neugierige Blickwinkel alltäglich wird.
- **Explizitheit**: Um bewusst bestehenden Mythen über die Natur der Naturwissenschaften entgegen zu wirken, werden Bedingungen, Möglichkeiten und Grenzen von Naturwissenschaften aktiv angesprochen. Vor allem ein wissenschaftstheoretisches Hinterfragen der Themen hilft dabei, Hintergründe in den Naturwissenschaften aufzudecken und implizit vertretene Ansichten der Schülerinnen und Schüler zu reflektieren.

- **Wissenschaftstheorie**: Um verschiedene Denkstrukturen der Philosophie kennen zu lernen, werden verschiedene Strömungen der Wissenschaftstheorie konkret in den Kursen thematisiert. Dabei werden diese jedoch nicht isoliert betrachtet, sondern immer in Bezug zu einem naturwissenschaftlichen Problem diskutiert. Auf diese Weise wird auch Sinn und Nutzen einer naturphilosophischen Perspektive in historischen und aktuellen Fragestellungen erlebt.

- **Methodische Vielseitigkeit**: Alle Kurse haben Workshop-Charakter und sind durch explorative, eigenverantwortliche Experimente, offene Diskurse und forschend-entdeckendes Lernen mit geeigneten Strukturierungshilfen gekennzeichnet. Dabei wird auf unterschiedlichste Methoden zurückgegriffen und Aspekte zur Naturphilosophie beispielsweise bei Black-Box-Experimenten oder in szenischen Dialogen herausgestellt. Insbesondere begleitet die Jugendlichen über das Jahr hinweg ein Forschertagebuch, in dem sie die Ergebnisse der Workshops protokollieren, aber auch zwischen den Treffen aktuelle Fragen oder Wünsche notieren.

Der Projektkurs ist in drei Phasen gegliedert (vgl. Abb. 4.2), die alle in etwa ein Drittel des Schuljahres ausmachen. Die ersten beiden Phasen bestehen aus 12 explorativen Workshops zum Thema „Der Kosmos im Wandel der Welt" und „Wissen in einer digitalen Welt aus Licht", die letzte Phase ermöglicht den Teilnehmenden das Erstellen einer eigenen Projektarbeit zu einem frei gewählten naturphilosophischen Thema.

**Abb. 4.2** Die drei Phasen im Projektkurs „Selberdenken!"

Unter dem Motto **Der Kosmos im Wandel der Welt** erkunden die Teilnehmenden zunächst sehr grundlegende Fragen zum Aufbau der Welt und der Arbeitsweise der Naturwissenschaften. Dabei untersuchen sie verschiedene Konzepte der Physik sowie historische Weltbildwandel im Bezug zu den Menschen, die diese gestalteten. Ihnen begegnen vor allem Themen aus dem Bereich von Astronomie und Teilchenphysik, ebenso werden aber auch Bezüge zur Wissensgewinnung und Hinterfragung der aktuellen Lebenswelt hergestellt. In der zweiten Workshop-Phase verschieben sich die Inhalte mit dem Thema **Wissen in einer digitalen Welt aus Licht** hin zu aktuelleren Aspekten der Naturwissenschaften. Vor allem steht hier der Bereich der elektromagnetischen Strahlung und ihrer Verwendung in optischen Technologien im Mittelpunkt. An diesem Themengebiet werden technische Alltagsgegenstände der Jugendlichen kritisch untersucht und so ihre Technikmündigkeit gesteigert. Im letzten Drittel des Schuljahres haben die Schülerinnen und Schüler dann die Aufgabe, eine eigene Projektarbeit zu einem selbstgewählten naturphilosophischen Thema durchzuführen. Dazu können sie sich an den Themen aus den Workshops orientieren, oder aber frei und kreativ eine eigene Forschungsfrage entwickeln. Ziel ist es hier, die in den Workshops erprobte kritische Denk- und Arbeitsweise sowie die neue Perspektive auf die Naturwissenschaften auf ein Thema ihrer Wahl anzuwenden und dabei die eigenen Kompetenzen zu erfahren und erleben. Dabei kann frei ein experimenteller oder theoretischer Fokus gesetzt werden. Für ihre Forschung steht den Teilnehmenden das Experimentiermaterial des Schülerlabors und der Schule zur Verfügung, ebenso können sie auch in geeignetem Rahmen Labore der Universität nutzen und vor allem die dort arbeitenden Wissenschaftlerinnen und Wissenschaftler zu Rate ziehen. Neben der Anfertigung einer schriftlichen Dokumentation im Umfang einer regulären Facharbeit erstellen die Jugendlichen ein wissenschaftliches Poster. Dieses wird auf dem Abschlussevent, der Denkermesse, interessierten Jugendlichen der beteiligten Schulen, Eltern, Lehrkräften und Forschenden der Universität im Rahmen einer Posterausstellung vorgestellt (Abb. 4.3). Hier haben die Teilnehmenden die Möglichkeit, wie in der echten Wissenschaftspraxis ihre Ergebnisse vorzustellen und vor den Besucherinnen und Besuchern zu präsentieren. Zum einen können sie sich hier den kritischen Fragen der Anwesenden stellen und ihre neue Sichtweise auf die Naturwissenschaften vertreten. Das Erleben der eigenen Kompetenz und der positiven Bestätigung durch Personen aus wissenschaftlichem, schulischem und privaten Umfeld kann dabei ihren neu gewonnen Zugang zur Welt festigen. Zum anderen dienen die Selberdenkerinnen und Selberdenker hier bestmöglich als Multiplikatoren und damit zur Anwerbung neuer Jugendlichen für den folgenden Projektkurs.

**Abb. 4.3** Ein Schüler präsentiert seine Ergebnisse auf der Denkermesse

## 4.3    Themen für ein Projekt zur Naturphilosophie

Es eignet sich eine Vielzahl von naturwissenschaftlich-technischen Themen dazu, um ihren Bezug zur Naturphilosophie herauszustellen. Für den Projektkurs „Selberdenken!" wurden solche Ansätze gewählt, die eine experimentelle Erkundung zulassen und anschaulich und lebensweltnah eine neue Perspektive auf die Naturwissenschaften ermöglichen. Aus den obigen Vorüberlegungen ergaben sich zwölf Workshops, die im Folgenden kurz dargestellt werden.

- **Start ins Selberdenken.** Zu Beginn des Projektkurses erleben die Schülerinnen und Schüler an einführenden Experimenten bewusst Aspekte der wissenschaftlichen Denk- und Arbeitsweise. Beispielsweise bietet es sich an, das explorative Experimentieren bei einem kreativen Wettbewerb zu erproben (Abb. 4.4). Anschließend wird gemeinsam diskutiert, wie die Teilnehmenden zur Bewältigung ihrer Forschungsfrage vorgegangen sind. Hier kann unter anderem thematisiert werden, dass ein sorgfältiges Protokollieren bedeutsam ist, vor allem aber, dass ganz unterschiedliche Herangehensweisen gewählt werden können und sowohl ein freies Experimentieren und nachfolgendes Auswerten, wie auch ein vorangehendes Reflektieren und Testen einzelner Hypothesen zum Ziel führt. Abschließend werden konkrete Vorstellungen der Teilnehmenden über das Wesen der Naturwissenschaften diskutiert, um ein Bewusstsein für die hier bedeutenden Aspekte zu schaffen.
- **Die Geburt der Wissenschaft.** Der zweite Workshop beschäftigt sich mit den Kennzeichen der wissenschaftlichen Denkweise. Dazu hinterfragen die Teilnehmenden zunächst Inhalte aus den Medien auf ihre Wissenschaftlichkeit

**Abb. 4.4** Schülerinnen beim explorativen Experimentieren

(z. B. die Sendung „Galileo"). Es wird diskutiert, ob und warum derartiges Wissen im Alltag durch ein Mitdenken der Jugendlichen zumindest in Ansätzen auf seine Richtigkeit überprüft oder lediglich passiv akzeptiert wird und was dies für eine eigene kritische Denkweise bedeutet. Hier anknüpfend betrachten die Teilnehmenden als Kennzeichen des kritisch-logischen Denkens das Prinzip von Induktion und Deduktion und erleben es als zwei verschiedene Ansätze des wissenschaftlichen Forschens an einem eigenen Experiment. Hier bietet es sich an, ein Black-Box-Experiment vorzuführen, dass ein unerwartetes Verhalten zeigt, und von den Teilnehmenden auf induktivem oder deduktivem Weg erforscht wird. Im Projektkurs „Selberdenken!" wurde dazu das Experiment der „Mythenmurmel" gewählt (Kruse und Denz 2015).

- **Freier Fall im Leeren Raum.** Die Gravitation als fundamentale Wechselwirkung bietet insbesondere im Zusammenhang mit dem Begriff der Schwerelosigkeit zahlreiche Gefahren für fachliche Fehlvorstellungen. Auch im Rückblick auf die historische Entwicklung wurde dieses Konzept beispielsweise von Aristoteles, Galilei und Newton unterschiedlich interpretiert, wobei hier die Vorstellung von Kraft, Trägheit und Raum eine entscheidende Rolle spielte. In diesem Workshop lernen die Teilnehmenden verschiedene historische Ansichten über die Gravitation und den Kraftbegriff kennen und setzen diese vor allem mit Vorstellungen über die Beschaffenheit des Raums als absolutes oder

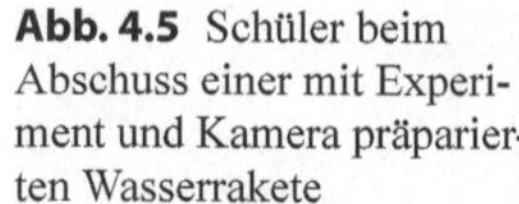

**Abb. 4.5** Schüler beim Abschuss einer mit Experiment und Kamera präparierten Wasserrakete

relatives Bezugssystem in Beziehung. Darüber hinaus erforschen sie auch fachliche Hintergründe der Schwerelosigkeit. Beispielsweise wird das Springen auf einem Trampolin mit Beschleunigungssensoren analysiert, das Verhalten einer Luftblase in Wasser im freien Fall einer Wasserrakete gefilmt (Abb. 4.5) oder der Kapillareffekt in einem Fallturm beobachtet (Krah 2013).

- **Das Licht der Sterne.** In der Astronomie werden stellare Objekte untersucht, die für jede unmittelbare Untersuchung zu weit entfernt sind. Im Rahmen dieses Workshops hinterfragen die Jugendlichen das mechanistische Weltbild der Naturwissenschaften, in dem über die Annahme von allgemeingültigen Naturgesetzen solche Erkenntnisse dennoch möglich sind. In diesem Zusammenhang wird auch das Konzept des LaPlaceschen Dämons diskutiert, in dem über eine vollständig deterministische Welt Zukunft und Vergangenheit als vorhersagbar dargestellt werden. Nachfolgend erhalten die Jugendlichen bei verschiedenen Experimenten die Möglichkeit selbst zu erkunden, wie man auf der Erde Wissen über weit entfernte Sterne erlangen kann. Dazu experimentieren die Teilnehmenden einerseits zum Zusammenhang zwischen Temperatur und Spektrum einer Lichtquelle an einer dimmbaren Glühbirne und einem digitalen Spektrometer. Andererseits erforschen sie mit Hilfe von Versuchen zur Flammenfärbung die Bedeutung der Fraunhoferlinien in der Sonne und schließen somit auf die chemische Zusammensetzung von Sternen (Abb. 4.6).

**Abb. 4.6**  Teilnehmende bei
der Flammenfärbung

- **Die Struktur des Lichts**. Das Konzept von Welle und Teilchen als Charakteristika des Lichts wurde im Lauf der Geschichte vielseitig diskutiert. Um den Jugendlichen einen Einblick in das Problem dieses Dualismus zu geben, informieren sie sich in diesem Workshop mit Hilfe von Originaltexten über die Ansichten nach Huygens und Newton. Durch das Erleben der konträren Positionen und ihrer Begründung wird ein Verständnis für die Problematik der Akzeptanz einer solch zweiseitigen Beschreibung eines der grundlegendsten Konzepte der Physik geschärft. Der Photoeffekt und die Beugung von Licht am Spalt dienen dabei als Schlüsselexperimente, mit denen sowohl Teilchen- als auch Wellencharakter von Licht bestätigt werden. Anhand eines Michelson-Morley-Interferometers (Abb. 4.7) wird auch die historische Diskussion über die Existenz des Äthers als Trägermedium für Licht thematisiert. Ein Fokus liegt dabei auf der Position des Strukturenrealismus: obwohl sich die Theorien rund um das Licht stetig verändert haben, bleibt die Struktur der Beschreibung – die Idee von Welle und Teilchen – konstant. Nach dem Strukturenrealismus ist dies ein Zeichen dafür, dass nicht Objekte, sondern nur deren Strukturen für uns erkennbar sind.
- **Unsichtbare Begleiter**. In der heutigen Zeit sind wir nahezu ständig von künstlich erzeugter elektromagnetischer Strahlung umgeben, von der ein großer Teil für uns nicht sichtbar ist. Dieser Workshops dient dazu, Grundlagen zu diskutieren, Vorurteile aufzudecken sowie Möglichkeiten und Gefahren elektromagneti-

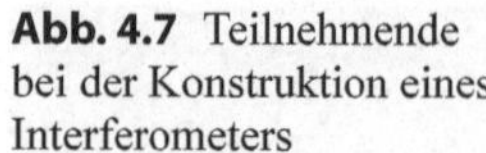

**Abb. 4.7** Teilnehmende bei der Konstruktion eines Interferometers

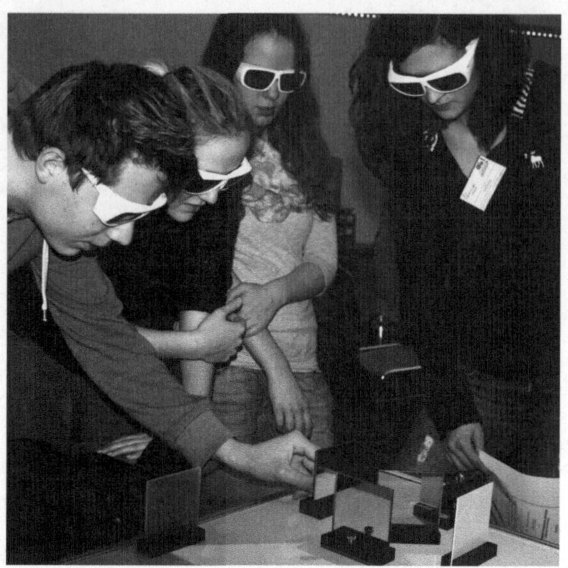

scher Strahlung zu diskutieren. Einfache Experimente mit der Mikrowelle, wie beispielsweise das Erzeugen von Plasma, werden dabei ergänzt durch den Bau eines eigenen Mikrowellendetektors, mit Hilfe dessen Handystrahlung sichtbar und hörbar gemacht werden kann (Abb. 4.8). Im Bezug zur Entstehung von Mythen über Strahlung wird das Prinzip der Kausalität näher betrachtet und als das Schließen auf einen unsichtbaren Zusammenhang zwischen Ursache und Wirkung hinterfragt. Ein Diskutieren der empiristischen Position von David Hume, nach der Kausalität lediglich aus der Gewohnheit des Menschen entstammt, sowie der Theorie von Immanuel Kant mit der Annahme der Kausalität als grundlegende Erkenntnisform, eröffnet dabei verschiedene Zugänge zu diesem Konzept.

- **Abbilder der Welt.** Das Prinzip der Holographie ist in seiner Anwendung im Alltag der Jugendlichen bekannt, die zugehörigen Grundlagen und Techniken werden jedoch selten reflektiert. Im Rahmen dieses Workshops erkunden die Teilnehmenden das Prinzip der Holographie als ganzheitliche Speicherung von Licht (Abb. 4.9) bei der Aufnahme und Entwicklung eines eigenen Hologramms. Darauf aufbauend wird thematisiert, in wie fern die Naturwissenschaften über derartige Vorgänge ein reales Abbild der Welt erzeugen und wie dies in Bezug zu wahrem Wissen oder der Realität steht. Basis dieser Diskussion ist unter anderem die Ideenlehre nach Platon, nach der jedes Ding ein Abbild einer vollkommenen Idee darstellt, sowie der Erkenntnistheorie Kants, nach der das

**Abb. 4.8**  Schüler beim Bau eines Handydetektors

**Abb. 4.9**  Schüler untersuchen ein Hologramm

Ding an sich durch uns nicht erkennbar ist. Im Rahmen dieser Auseinandersetzung wird vor allem das Bewusstsein dafür geschärft, dass die Naturwissenschaft die Welt durch den uns möglichen Zugang beschreibt, jedoch keine offen liegende Wahrheit liefert oder auf sichere Weise die Realität kopiert.

- **Kodierte Realität**. In unserem Zeitalter nimmt die Digitalisierung unseres alltäglichen Lebens einen bedeutenden Stellenwert ein. In diesem Workshop setzen sich die Jugendlichen mit Fakten und Fiktionen rund um eine digitale Realität auseinander. Anhand eines Ausschnitts aus dem Film „Matrix" (1999) wird diskutiert, was unser Bewusst sein ist und ob es an eine im Computer existierende Realität angeschlossen sein könnte. Dazu erkunden die Teilnehmenden die philosophischen Positionen nach René Descartes und seinen methodischen Zweifel, die Position von Daniel Dennett und der Frage nach einem Ort des Bewusstseins, sowie die sprachphilosophische Position von Hilary Putnam und dem Gedankenexperiment eines Gehirns im Tank. Aufbauend auf dieser philosophischen Analyse setzen sich die Teilnehmenden mit den Fakten rund um das digitale Zeitalter am Beispiel der optischen Datenübertragung auseinander. Beim Bau einer eigenen Sender-Empfänger-Station (Abb. 4.10), mit Hilfe derer ein Musiksignal über einen Laser übertragen werden kann, erfahren die Teilnehmenden, wie eine Umwandlung eines digitalen in ein analoges Signal möglich ist.

**Abb. 4.10** Teilnehmende bauen eine Datenübertragungsstation

**Abb. 4.11** Schüler experimentieren mit der flüssigkristallinen Phase

- **Neue Medien**. Nicht-klassische Aggregatzustände spielen in unserem Alltag eine bedeutende Rolle. Besonders hervorzuheben ist hier die flüssigkristalline Phase, welche beispielsweise in Displays Anwendung findet. In diesem Workshop erhalten die Schülerinnen und Schüler die Möglichkeit, diese Phase und ihre Nutzung in Flüssigkristalldisplays bei eigenen Experimenten selbst kennen zu lernen (Abb. 4.11) (Kruse et al. 2015). Das Entdecken der neuen Phase wird dabei kritisch hinterfragt, denn die getätigten Beobachtungen werden durch die bestehenden Modelle der Teilnehmenden beeinflusst. In diesem Zusammenhang wird auch über die Theoriebeladenheit einer jeder Beobachtung und die Bedeutung von Objektivität diskutiert. Das Erkennen des neuen Aggregatzustands setzt eine Erweiterung des bisherigen Modells der Schülerinnen und Schüler und somit einen Paradigmenwechsel voraus. Auch die geschichtliche Erforschung der flüssigkristallinen Phase zeigt Kennzeichen des revolutionären Wandels nach Kuhn, wie mit den Schülerinnen und Schülern herausgestellt wird.
- **Manipulator Licht**. Licht insbesondere in Form von Lasern ermöglicht es uns heute Materie und auch Lebewesen auf verschiedenste Weisen zu manipulieren. Die Technik der optischen Pinzette erlaubt es dabei, lebende Mikroorganismen berührungsfrei zu transformieren und zu analysieren. Die Teilnehmenden erfahren in diesem Workshop Grundlagen dieser Technologie durch die Betrachtung

der Eigenschaften und Möglichkeiten eines Lasers. Darauf aufbauend erproben sie ihre Funktionsweise an der mobilen optischen Pinzette und dem eigenen Manipulieren kleinster Partikel (Kruse et al. 2014). Daran anknüpfend wird gemeinsam diskutiert, welche Möglichkeiten und Risiken eine solche Technologie mit sich bringt und wie insbesondere verschiedene Interessengruppen aus Wirtschaft und Wissenschaft dies gemeinsam verantwortlich beurteilen könnten.

## 4.4  Detaillierte Workshopbeispiele aus Selberdenken

**Bausteine der Welt – Teilchenphysik an der Grenze der Vorstellungskraft**
Das Nachdenken über das Wesen von Materie ist eine der ältesten Fragen in Philosophie und Naturwissenschaft. Ziel dieses Workshops ist es, mit den Teilnehmenden philosophischen Implikationen dieser Suche nach den Bausteinen der Welt zu thematisieren und dabei einige der grundlegenderen Aspekte im Zusammenhang mit dem wissenschaftlichen Realismus zu beleuchten.

Zu Beginn des Workshops begegnen die Schülerinnen und Schüler verschiedenen Positionen der antiken Naturphilosophen im szenischen Dialog mit der Lehrkraft. Hervorgehoben wird dabei die Theorie von Demokrit, der davon ausging, dass die uns umgebende Welt aus kleinsten Bestandteilen, den Atomen, aufgebaut ist. Gemeinsam mit den Schülerinnen und Schülern wird diskutiert, warum diese Idee so intuitiv erscheint, auch wenn damals keine Experimente zur Untersuchung des Mikrokosmos möglich waren.

Das Vorliegen von Materie in zusammengesetzter Form und deren immerwährende Möglichkeit zur Teilung ist ein evidentes Kennzeichen unserer erfahrbaren Welt. Daher scheint es nahe zu liegen, dass sich diese Eigenschaft des Makrokosmos auch auf mikroskopische Dimensionen übertragen lässt. Darüber hinaus ist die Idee der Unterscheidbarkeit und Zählbarkeit von Objekten ein zentrales Kennzeichen unseres Wahrnehmungsapparats – jeder Mensch verfügt über eine intuitive Zahlenkompetenz, die uns angeboren ist und eine überlebensnotwendige Fähigkeit darstellt, um Strukturen in der Welt zu erkennen (Mack 2005). Dementsprechend scheint es nahe zu liegen, dass wir bei einem Erfassen der Welt, vor allem in Dimensionen, die uns nicht unmittelbar zugänglich sind, diese logische Struktur unseres Verstandes und somit die Teilbarkeit und Unterscheidbarkeit auch auf den Mikrokosmos und damit das Wesen von Materie übertragen.

Auf dem Gedanken kleinster Teilchen aufbauend entwickelten auch die antiken Philosophen verschiedene Theorien zur Größe und Form der Materiebausteine. Die Mathematik spielte dabei eine entscheidende Rolle. Die Pythagoreer gingen beispielsweise davon aus, dass zahlenmäßige Zusammenhänge die Grundstruktur der Welt darstellen. Die Bausteine der Welt sind nach ihrer Theorie wie die Zahlen dabei auch immer beliebig teilbar und besitzen keine kleinste Größe. Problematisch an dieser Anschauung war, dass beliebig kleine Objekte nicht vorstellbar sind und damals nicht mit Hilfe logischer Konstrukte erfasst werden konnten. Dies führte beispielsweise zu Paradoxien wie dem von Achilles und der Schildkröte. Der Naturphilosoph Demokrit hingegen nahm an, dass die realen Teile der Welt im Gegensatz zu den idealisierten Objekten der Mathematik eine feste kleinste Größe aufweisen müssen. Diese kleinsten Teilchen nannte er Atome und führte alles in der Welt auf ihr Zusammenspiel zurück. Der Atomismus nach Demokrit eröffnete eine rationale Beschreibung von Stetigkeit in der Welt durch einen mechanistischen Grundansatz, der gedanklich fassbar war.

In einer offenen Diskussionsrunde und unterstützt mit bildhaften Eindrücken von Teilchenbeschleunigern wird mit den Teilnehmenden thematisiert, dass dieser rein gedankliche Ansatz heute durch eine experimentelle Dimension erweitert wird. Forscherinnenden und Forscher tätigen Beobachtungen im Makrokosmos, erfassen sie auf Basis mathematisch-logischer Modelle und scheinen auf diese Weise in die Dimensionen des Mikrokosmos vorzudringen. Dabei bestätigt sich bisher die Unterteilung von Materie in kleinste Einheiten: Die heutigen Elementarteilchen werden als Bausteine der Welt mit Hilfe der Mathematik und den komplexen Strukturen der Quantenfeldtheorie erfasst, beschreiben bestmöglich unsere Beobachtungen und sagen darüber hinaus Größen wie das Higgs-Boson vorher. Dennoch bleibt uns wie damals ein unmittelbarer Zugang zu diesen kleinsten Teilchen verwehrt – mit Hilfe moderner Detektoren können wir durch die Interaktion von subatomaren Teilchen mit Materie lediglich deren makroskopische, lokale Wirkungen beobachten und hier auf einen kausalen Zusammenhang schließen. Ob die bis heute zentrale Idee der Elementarteilchen die Wirklichkeit des Mikrokosmos korrekt widerspiegelt oder eher eine Struktur unseres Verstandes abbildet, ist uns jedoch nicht zugänglich – es stellt lediglich unser bisher bestes Modell zur Erklärung der Beobachtungen dar.

Vor allem ist hervorzuheben, dass es uns mit Hilfe dieser Theorien nicht nur gelingt, Beobachtungen innerhalb unseres Modells zu erklären und vorherzusagen, sondern auch die für uns nicht unmittelbar sichtbaren Objekte des Mikrokosmos im Rahmen moderner Technologien, wie der Positronen-Emissions-Tomographie in der Medizin, für uns nutzbar zu machen. Vor allem im Hinblick auf die Entwicklung von neuen Technologien haben naturwissenschaftliche Theorien neben der

Idee der prinzipiellen Erkenntnis damit auch oft den Anspruch zur Beherrschung und Nutzung der Natur. Auch im Bereich der Materieerforschung findet sich dieser Ansatz nicht nur heute im Zeitalter komplexer Experimente wieder, sondern war auch in früheren Zeiten der Motor zur Weiterentwicklung der Teilchenidee. Diesen Aspekt erleben die Teilnehmenden bei der nachfolgenden Erkundung der Phlogiston-Theorie.

Seit dem Mittelalter bis ca. 1700, der Zeit von Georg Ernst Stahl, herrschten zur Beschreibung alles Stofflichen nicht mehr die Grundsätze der antiken Naturphilosophen, sondern die Alchemie. Chemische Prozesse glichen in dieser Beschreibung eher einem mythisch-geistigen als einem von rationalen Gesetzen dominiertem Vorgang. Wissenschaftler wie Stahl versuchten durch die Annahme von mechanisch wirkenden kleinsten Teilchen – den Korpuskeln – diese Chemie wieder wissenschaftlicher zu gestalten. Stahl nahm in diesem Zusammenhang an, dass das Feuer aus massebehafteten Teilchen, dem sogenannten Phlogiston besteht, welches nicht sichtbar bei jedem Verbrennungsvorgang aus einem Stoff entweicht und leichte, nicht brennbare Asche zurück lässt (vgl. z. B. die Darstellung von Carrier 1986). Fast 100 Jahre war diese Theorie vorherrschend zur Beschreibung der Verbrennung. Erst Chemikern wie Antoine de Lavoisier gelang es bei Experimenten wie der Verbrennung von Eisenwolle und der einhergehenden Gewichtszunahme diese Theorie zu widerlegen und mit Hilfe der Gaschemie die Theorie der Verbrennung als Reaktion mit Sauerstoff zu entwickeln.

Die Schülerinnen und Schüler erleben die Tragweite der Theorie Stahls und den Nutzen des Teilchengedankens beim forschend-entdeckenden Lernen, in dem sie mit verschiedenen Materialien frei experimentieren (vgl. Abb. 4.12), sich in die Position Stahls versetzen und versuchen seine Theorie zu überprüfen. Beispielsweise gilt es zu erklären, warum eine Kerze unter einer Glocke erlischt sowie Eisenwolle zu verbrennen und vielleicht selbst eine Möglichkeit zur Widerlegung der Theorie von Stahl zu finden. Bei einem anschließenden Forschungsdiskurs wird reflektiert, welche Möglichkeiten eine derart mechanisch-korpuskulare Beschreibung in den Wissenschaften eröffnet. Denn obwohl Phlogiston nicht existent ist, revolutionierte es dennoch die Vorgänge in der Chemie. Die Idee von reversiblen Reaktionen, bei denen verschiedene Teilchen beteiligt waren, führte zu einer Strukturierung der Vorgänge, welche eine moderne, objektiv logische Chemie einleitete (Remane 2010) und die Beherrschung der Materie ermöglichte.

Abschließend wird die Dynamik dieser Entwicklung mit den Schülerinnen und Schülern philosophisch hinterfragt und dabei zum Beispiel die Position des wissenschaftlichen Realismus sowie seine Abwandlung zum Strukturenrealismus diskutiert. Verschiedene Bereiche der Naturwissenschaft beschäftigen sich wie die Teilchenphysik mit nicht unmittelbar zugänglichen Objekten. Nach der Position

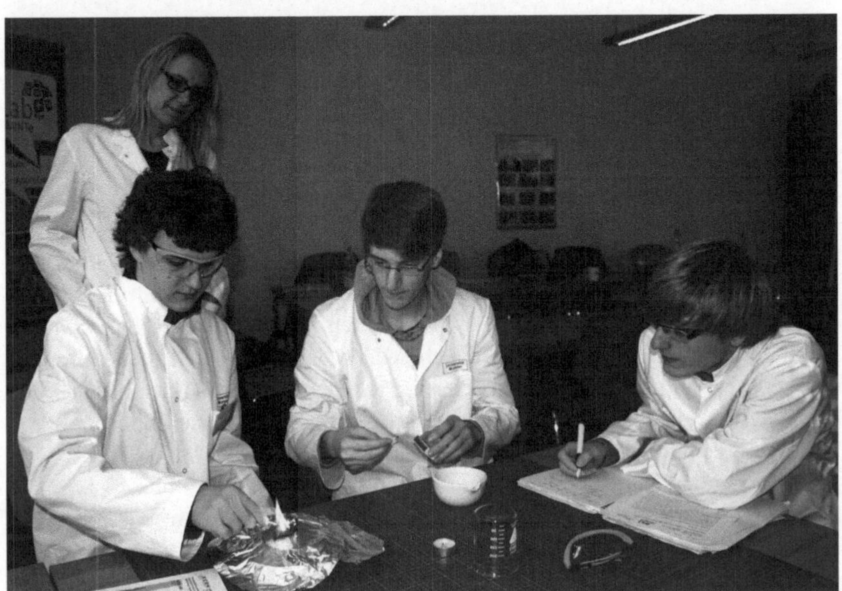

**Abb. 4.12**  Schüler experimentieren zum Wesen des Feuers

des wissenschaftlichen Realismus existieren diese Objekte, wenn die zugehörigen Theorien unsere Welt adäquat beschreiben. Andernfalls wäre unser wissenschaftlicher Fortschritt ein Prozess des Ratens und somit ein reines Wunder. Dennoch zeigt sich in der Geschichte immer wieder, dass für eine bestimmte Zeit gültige Theorien später widerlegt werden können – wie auch die Theorie des Phlogistons. Nach der Position des Strukturenrealismus scheinen die Relationen zwischen den Objekten einer Theorie eine größere Tendenz gegen Revisionen aufzuweisen als die Objekte selbst. Dies zeigt sich auch bei der Phlogiston-Theorie (Ladyman 2011): die Idee der reversiblen Umwandlung ist bis heute erhalten geblieben und wird nach aktuellem Wissenstand über eine Redoxreaktion mit Elektronen beschrieben, wobei diese eine ähnliche Rolle einnehmen wie das Phlogiston. Als offene Frage wird diskutiert, ob es uns bei unserem Zugang zum Mikrokosmos vielleicht lediglich möglich ist, nur zugrunde liegende Strukturen zu erfassen – wie die reversible Umwandlung mit Teilchencharakter – da die Objekte selbst uns nie unmittelbar zugänglich sein könnten.

**Der Himmel und Du – Wissenschaftliche Revolutionen in der Astronomie**
Im Rahmen dieses Workshops ist es das Ziel, dass die Teilnehmenden den Wandel vom geo- zum heliozentrischen Weltbild aus einer neuen Perspektive erfahren

und vor allem die Dynamik einer wissenschaftlichen Gemeinschaft selbst erleben. Dazu werden Parallelen zur Struktur wissenschaftlicher Revolutionen nach Thomas Kuhn gezogen.

Zu Beginn des Workshops werden den Schülerinnen und Schülern im Rahmen eines szenischen Dialogs Eckdaten des astronomischen Wissensstands zur Zeit des späten Mittelalters nahe gebracht. Dabei wird das Weltbild des Ptolemäus der kreisförmigen Bahnen kugelförmiger Planeten als anerkanntes Paradigma postuliert und vorausgesetzt. Aufgabe der Teilnehmenden ist es nun, als Normalwissenschaftler unter diesem Paradigma zu arbeiten und gute Gründe für oder gegen einen Weltbildwandel zu finden. Um das Arbeiten in einer Wissenschaftsgemeinschaft zu simulieren, werden die Teilnehmenden dabei in verschiedene Gruppen unterteilt, die an unterschiedlichen Themen arbeiten und ihr Wissen austauschen können. Alle Teilnehmenden haben dabei einen Übersichtstext zur Philosophie von Kuhn vorbereitet.

Eine wichtige Rolle spielen dabei die Koordinatoren. Ihre Aufgabe ist es, den Prozess der Gruppe zu überwachen und auf einer Metaebene die Arbeitsweise ihrer Normalwissenschaft zu reflektieren. Mit Hilfe eines Diktiergerätes können sie Ergebnisse und Meinungen festhalten, die Gruppenstruktur verändern und über neue Erkenntnisse in anderen Gruppen berichten. Darüber hinaus diskutieren sie tiefergehend die Idee der wissenschaftlichen Revolutionen und beurteilen in diesem Sinne die Arbeit in ihrer eigenen normalen Wissenschaft.

Drei weitere Gruppen bearbeiten fachliche Themen. Eine Aufgabe ist es, gute Gründe für die Gestalt und Bewegung der Erde zu sammeln. Die Teilnehmenden dieser Gruppe diskutieren dazu auch im Mittelalter vorliegende Texte von Aristoteles und Kleomedes, um sie mit ihren Alltagserfahrungen abzugleichen. Beispielsweise wird über das Erscheinen eines Schiffmastes vor dem Rumpf am Horizont des Meeres die kugelartige Form der Erde befürwortet, eine Bewegung der Erde aber abgestritten. Darüber hinaus können die Schülerinnen und Schüler mit Hilfe einfacher geometrischer Überlegungen nach den antiken Griechen Eratosthenes und Aristarch von Samos Abschätzungen über die Dimensionen von Sonne, Erde und Mond tätigen (Uffrecht 1997).

Eine weitere Gruppe beschäftigt sich mit den sichtbaren Bewegungen am Sternenhimmel. Dazu diskutieren sie intensiv das Weltbild des Ptolemäus und versuchen sich mit dessen Hilfe die grundlegende Bewegung von Planeten und Sternen zu erklären. Dazu liegt ihnen neben einem Originaltext von Ptolemäus ein Programm zur Sternenbeobachtung vor (z. B. die Freeware Stellarium). Zur Erklärung der Schleifenbahnen der Planeten vergleichen sie die Vorschläge von Ptolemäus Epizykeln mit der Erklärung nach Kopernikus. Hier können sie erkennen, dass Kopernikus heliozentrischer Ansatz aufgrund des Beibehaltens kreisförmiger Bahnen

**Abb. 4.13** Schüler bei Beobachtungen mit ihrem Fernrohr

keine bessere Erklärung und Vorhersage der Bewegung erlaubte. Dies gelang erst Kepler durch die Annahme elliptischer Planetenbahnen.

Die dritte Gruppe setzt sich mit den Beobachtungen von Galileo auseinander, die dieser mit Hilfe eines Teleskops tätigte. Dazu fertigen die Teilnehmenden zunächst ein eigenes einfaches Fernrohr an und betrachten dann mit Hilfe dessen aus einiger Entfernung die von Galileo angefertigten Skizzen (vgl. Abb. 4.13). Die mittelmäßige Qualität der eigenen Fernrohre lässt sie dabei ein Gefühl für die Abhängigkeit von Beobachtungen durch Technik und die Rolle der Interpretation von Daten erhalten. Anhand der Erläuterungen von Galileo aus dem Siderius Nuncis (Galileo 2002) können dann stichhaltige Argumente gegen das alte Weltbild gefunden werden: Wider der Theorie von Ptolemäus ist der Mond keine perfekte Kugel, sondern weist Krater auf; nicht alle Himmelskörper drehen sich um die Erde, sondern auch der Jupiter hat eigene Monde; und schließlich lassen die mit einem Teleskop erkennbaren Phasen der Venus lediglich eine Drehung um die Sonne zu (Palmieri 2001).

Abschließend tragen die Gruppen in einem Forschungsdiskurs ihre Ergebnisse zusammen. Die Koordinatoren leiten dabei die fachliche Diskussion aus Sicht des Mittelalters, reflektieren aber ebenso das Vorgehen der Gruppe auf der Metaebene im Hinblick auf die Struktur wissenschaftlicher Revolutionen nach Kuhn. Auf diese Weise wird die Dynamik einer wissenschaftlichen Gemeinschaft bewusst erlebt.

## Literatur

Carrier M (1986) Zum korpuskularen Aufbau der Materie Stahl und Newton. Sudhoffs Arch 70:1–17

Galileo G (2002) Sidereus Nuncius. (Nachricht von neuen Sternen). Suhrkamp Verlag, Berlin

Guderian P (2007) Wirksamkeitsanalyse außerschulischer Lernorte. Dissertation, Humboldt-Universität zu Berlin

Guderian P, Priemer B (2008) Interessenförderung durch Schülerlaborbesuche – eine Zusammenfassung der Forschung in Deutschland. Phys Didakt Sch Hochsch 2:27–36

Haupt O-J, Domjahn J, Martin U, Skiebe-Corrette P, Vorst S, Zehren W, Hempelmann R (2013) Schülerlabor – Begriffsschärfung und Kategorisierung. Der Math Naturwissenschaftliche Unterr 66:324–330

Krah S (2013) Entwicklung und Erprobung eines Experimentierworkshops für Schüler/-innen zum Thema Mikrogravitation. Masterarbeit, Westfälische Wilhelms-Universität Münster, Münster

Kruse A, Denz C (2015) „Von Black Box Experimenten zur Verifikation von Werbeslogans". Der Math Naturwissenschaftliche Unterr 68:288–292

Kruse A, Alpmann C, Denz C (2014) Gefangen im Fokus des Lasers. Phys Unserer Zeit 45:94–96

Kruse A, Twardon J, Denz C (2015) Philosophisch zu Flüssigkristallen. Prax Naturwissenschaften Chem 64:29–35

Ladyman J (2011) Structural realism versus standard scientific realism: the case of phlogiston and dephlogisticated air. Synthese 180:87–101

Mack W (2005) Die Entwicklung von Zählkompetenz und das Problem der Dyskalkulie. Forsch Frankf 1:32–35

Palmieri P (2001) Galileo and the discovery of the phases of Venus. J Hist Astron 32:109–129

Remane H (2010) Die Phlogistontheorie von Georg Ernst Stahl. Chemkon 17:75–78

Uffrecht U (1997) Die Messung kosmischer Entfernungen im Altertum und in der beginnenden Neuzeit. Der Math Naturwissenschaftliche Unterr 50:198–205

Zehren W, Neber H, Hempelmann R (2013) Forschendes Experimentieren im Schülerlabor. Der Math Naturwissenschaftliche Unterr 66:416–423

# Fazit und Ausblick 5

Der Projektkurs „Selberdenken!" zeigt Möglichkeiten auf, wie mit Hilfe einer naturphilosophischen Betrachtungsweise naturwissenschaftlich-technischer Themen ein tiefergehendes, authentisches Bild der Naturwissenschaften gewonnen werden kann. Vor allem ein explizites Thematisieren von Aspekten zur Natur der Naturwissenschaften, ein wissenschaftstheoretisches Hinterfragen der Struktur, Dynamik und Bedingungen der Naturwissenschaften sowie deren kultureller und historischer Bedingtheit wirkt Fehlvorstellungen entgegen. Von besonderer Bedeutung ist dabei, dass die Schülerinnen und Schüler durch forschend-entdeckendes Lernen und exploratives Experimentieren den Forschungsprozess selbst erfahren und Grundlagen der wissenschaftlichen Denk- und Arbeitsweise erkunden können. Auf diese Weise wird die Basis für eine kritisch-neugierige Sichtweise auf die Welt geschaffen, die nicht nur beim Erlernen von Fachinhalten von Bedeutung ist, sondern die Basis für ein mündiges Erfassen und Gestalten unserer technisierten Welt darstellt.

„Selberdenken!" ist ein Pilotprojekt, welches als Vorbild für weitere Tandems aus Schule und Hochschule dienen und sie ermutigen soll, mit einer naturphilosophischen Perspektive auf die Naturwissenschaften mündig agierende Jugendliche heranzubilden.

© Springer Fachmedien Wiesbaden 2016

A. Kruse, C. Denz, *Philosophie und Physik am außerschulischen Lernort,*
essentials, DOI 10.1007/978-3-658-11851-8_5

# Was Sie aus diesem Essential mitnehmen können

- Schülerinnen und Schüler vertreten derzeit ein inadäquates Bild über die Natur der Naturwissenschaften, was zu einem problematischen Lernverhalten führt und einem mündigen Agieren in unserer technisierten Welt entgegenwirkt.
- Authentische Ansichten über die Natur der Naturwissenschaften können über ein explizites Thematisieren naturphilosophischer Aspekte vermittelt werden sowie über die Praxis des forschend-entdeckenden Lernens und das explorative Experimentieren.
- Mit Hilfe der Naturphilosophie werden die Naturwissenschaften aus wissenschaftstheoretischer Perspektive im Hinblick auf ihre Struktur, Dynamik und Bedingungen analysiert.
- Um die Naturwissenschaften mit Hilfe der Naturphilosophie zu hinterfragen, bietet sich ein vom Unterricht losgelöstes Konzept zum Beispiel in Form eines Projektkurses an, in dem verschiedene Themen mit den Werkzeugen der Wissenschaftstheorie sowie in eigenen Experimenten erkundet werden.

© Springer Fachmedien Wiesbaden 2016
A. Kruse, C. Denz, *Philosophie und Physik am außerschulischen Lernort,*
essentials, DOI 10.1007/978-3-658-11851-8